科学养猪实操图解

席克奇　杨作丰　祁晓华　刘　静　编著

机械工业出版社

本书主要介绍了猪场的建设与设备、养猪品种的选择与利用、猪的饲料与利用、种猪的饲养管理、猪的人工授精技术、仔猪的培育、育肥猪的饲养管理、猪常见病及防治等内容，最后还附上了瘦肉型生长育肥猪饲养标准、妊娠母猪饲养标准、猪的日粮配方实例、猪常见病的鉴别诊断表。本书紧扣当前生产实际，通过深入浅出、通俗易懂的文字并配以大量生动直观的图片和图表，清楚描述猪生产的关键技术，注重科学性、系统性、实用性和先进性。

本书适合养猪场饲养技术人员、管理人员和养殖户阅读，也可以作为大专院校、农村函授及相关培训班的辅助教材和参考书。

图书在版编目（CIP）数据

科学养猪实操图解 / 席克奇等编著. -- 北京：机械工业出版社，2025.8. -- ISBN 978-7-111-78665-8

Ⅰ．S828-64

中国国家版本馆CIP数据核字第2025A1F707号

机械工业出版社（北京市百万庄大街22号 邮政编码100037）

策划编辑：周晓伟 高 伟	责任编辑：周晓伟 高 伟 王华庆 刘 源
责任校对：高凯月 马荣华 景 飞	责任印制：单爱军

保定市中画美凯印刷有限公司印刷

2025年8月第1版第1次印刷

169mm×230mm・12印张・232千字

标准书号：ISBN 978-7-111-78665-8

定价：98.00元

电话服务	网络服务
客服电话：010-88361066	机 工 官 网：www.cmpbook.com
010-88379833	机 工 官 博：weibo.com/cmp1952
010-68326294	金 书 网：www.golden-book.com
封底无防伪标均为盗版	机工教育服务网：www.cmpedu.com

Preface 前言

在我国畜牧业生产中，养猪为传统的养殖项目，近年来发展极为迅速，逐步走上规模化、规范化、科学化的道路。但是，目前猪养殖业竞争激烈，生产技术含量日趋提高，粗放的饲养模式难以盈利，疫病流行日趋复杂，生产者在猪场建设、饲养技术、疫病防治等方面的知识更新势在必行。

为了适应我国养猪业的发展，满足目前养猪生产的实际需要，使养猪生产向高产出、低消耗、高效益方向迈进，能够经得起市场经济的考验，编著者总结目前国内外养猪新技术，借鉴各地养猪的成功经验，并结合自己多年的工作体会，编著了本书，期望能给养猪生产者带来帮助。

需要特别说明的是，本书所用药物及其使用剂量仅供读者参考，不可照搬。在生产实际中，所用药物学名、常用名和实际商品名称有差异，药物浓度也有所不同，建议读者在使用每一种药物之前，参阅厂家提供的产品说明以确认药物用量、用药方法、用药时间及禁忌等。购买兽药时，执业兽医有责任根据经验和对患病动物的了解决定用药量及选择最佳治疗方案。

本书在编著过程中，曾参考一些专家、学者撰写的文献资料，因篇幅所限未能一一列出，谨在此表示感谢。

由于编著者的理论和技术水平有限，书中可能会出现一些疏漏和不妥之处，敬请广大读者批评指正。

编著者

Contents 目 录

前言

第一章
猪场的建设与设备 / 001

第一节　猪场场址的选择与布局 / 001
　　一、猪场场址的选择 / 001
　　二、猪场内的布局 / 002

第二节　猪舍设计 / 004
　　一、猪舍的类型 / 004
　　二、猪舍设计上的基本要求 / 005
　　三、猪舍建筑上的基本要求 / 006

第三节　猪舍内部设备 / 008
　　一、猪栏 / 008
　　二、猪舍内地面 / 011
　　三、喂料设备 / 012
　　四、饮水设备 / 013
　　五、保温与通风、防暑设备 / 014
　　六、清粪设备 / 015
　　七、其他设备 / 015

第二章
养猪品种的选择与利用 / 016

第一节　猪的生物学特性与养猪品种的选择 / 016
　　一、猪的生物学特性 / 016
　　二、猪的经济类型 / 017
　　三、养猪品种的选择 / 018

第二节　猪的主要品种 / 019

　　一、主要的地方品种 / 019
　　二、主要的培育品种 / 023
　　三、主要的引进品种 / 026

第三节　猪的经济杂交 / 030
　　一、杂种优势及其度量方法 / 030
　　二、杂交亲本的选择 / 031
　　三、杂交方式 / 032

第三章
猪的饲料与利用 / 034

第一节　猪的消化特点与饲料的营养功能 / 034
　　一、猪的消化特点 / 034
　　二、猪饲料中的营养成分及功能 / 034

第二节　猪的常用饲料及特点 / 045
　　一、能量饲料 / 045
　　二、蛋白质饲料 / 047
　　三、青饲料 / 050
　　四、粗饲料 / 051
　　五、矿物质饲料 / 052
　　六、饲料添加剂 / 052

第三节　饲料的加工与调制 / 055
　　一、能量饲料的加工调制 / 056
　　二、蛋白质饲料的加工调制 / 057
　　三、青饲料的加工调制 / 058
　　四、青贮饲料的加工调制 / 059

　　　　　五、粗饲料的加工调制 / 060
　第四节　猪的饲养标准与饲料配合 / 060
　　　　　一、猪的饲养标准 / 060
　　　　　二、猪的饲料配合 / 061

第四章
种猪的饲养管理 / 070

　第一节　种公猪的饲养管理 / 070
　　　　　一、后备公猪的选择与培育 / 070
　　　　　二、种公猪的饲养与利用 / 073
　第二节　后备母猪的饲养管理 / 078
　　　　　一、后备母猪的选择 / 079
　　　　　二、后备母猪的培育 / 079
　　　　　三、后备母猪的适时配种 / 081
　　　　　四、母猪的性周期和最佳配种时间 / 081
　　　　　五、母猪的交配方式和方法 / 083
　　　　　六、母猪配种后的妊娠检查 / 084
　第三节　妊娠母猪的饲养管理 / 085
　　　　　一、猪的妊娠期与胚胎发育 / 085
　　　　　二、妊娠期营养水平的控制 / 086
　　　　　三、妊娠母猪的管理要点 / 089
　第四节　哺乳母猪的饲养管理 / 089
　　　　　一、接产前的准备 / 089
　　　　　二、接产 / 090
　　　　　三、母猪的产后护理 / 092
　　　　　四、母猪泌乳期的饲养 / 092
　　　　　五、母猪泌乳期的管理 / 093
　第五节　空怀母猪的饲养管理 / 094
　　　　　一、空怀母猪的饲养 / 094
　　　　　二、空怀母猪的管理 / 094

第五章
猪的人工授精技术 / 095

　第一节　公、母猪的生殖系统及功能 / 095
　　　　　一、公猪的生殖系统及功能 / 095
　　　　　二、母猪的生殖系统及功能 / 097
　第二节　人工授精操作技术 / 098
　　　　　一、人工授精的优点 / 098
　　　　　二、种公猪的调教训练 / 098
　　　　　三、种公猪精液的采集 / 099
　　　　　四、精液的品质检查 / 101
　　　　　五、精液的稀释 / 102
　　　　　六、精液的保存和运输 / 103
　　　　　七、输精 / 103

第六章
仔猪的培育 / 105

　第一节　仔猪的生理特点与护理 / 105
　　　　　一、仔猪的生理特点 / 105
　　　　　二、初生仔猪的护理 / 106
　　　　　三、初生仔猪的寄养和人工补乳 / 108
　第二节　仔猪的饲喂与饮水 / 109
　　　　　一、仔猪补料 / 109
　　　　　二、仔猪饲料的配制 / 110
　　　　　三、仔猪饮水 / 111
　第三节　仔猪的去势与断奶 / 111
　　　　　一、仔猪的去势 / 111
　　　　　二、仔猪的断奶 / 113
　第四节　仔猪的免疫与驱虫 / 115
　　　　　一、仔猪的免疫 / 115
　　　　　二、仔猪疾病预防与驱虫 / 115

第七章
育肥猪的饲养管理 / 116

　第一节　生长育肥猪的生理特点与生长发育
　　　　　规律 / 116
　　　　　一、生长育肥猪的生理特点 / 116
　　　　　二、生长育肥猪的生长发育规律 / 116
　第二节　影响猪育肥效果的因素 / 117
　　　　　一、品种类型与杂交组合 / 117
　　　　　二、初生重、断奶重与性别、去势 / 118
　　　　　三、饲料营养与环境条件 / 118

第三节　猪育肥前的准备工作 / 119
　　一、圈舍、设备的维修及消毒 / 119
　　二、仔猪的选购 / 119
　　三、仔猪的疫病预防与驱虫 / 120
　　四、育肥猪的饲料贮备 / 120
第四节　生长猪的育肥方式与饲喂方式 / 120
　　一、生长猪的育肥方式 / 120
　　二、生长猪的饲喂方式 / 121
第五节　僵猪的脱僵与架子猪的催肥 / 122
　　一、僵猪的脱僵措施 / 122
　　二、架子猪的催肥措施 / 122
第六节　猪快速育肥需要的环境条件与饲养管理 / 123
　　一、猪快速育肥需要的环境条件 / 123
　　二、猪快速育肥的饲料选择 / 124
　　三、猪快速育肥的管理要点 / 125
第七节　快速育肥瘦肉型猪的饲养管理特点 / 126
　　一、快速育肥瘦肉型猪应注意的问题 / 126
　　二、提高出栏猪的瘦肉率的有效措施 / 127
　　三、不同季节养猪的管理特点 / 128
第八节　塑料暖棚养猪新技术 / 128
　　一、塑料暖棚猪舍的原理 / 129
　　二、塑料暖棚建筑模式 / 129
　　三、塑料暖棚猪舍的管理 / 130
　　四、饲养管理配套技术 / 131

第八章
猪常见病及防治 / 133

第一节　猪常见的传染病及防治 / 133
　　一、猪瘟 / 133
　　二、非洲猪瘟 / 135
　　三、猪口蹄疫 / 137
　　四、猪繁殖与呼吸综合征 / 139
　　五、猪细小病毒感染 / 141
　　六、猪传染性胃肠炎 / 142
　　七、猪丹毒 / 143
　　八、猪巴氏杆菌病 / 145
　　九、猪副伤寒 / 147
　　十、仔猪白痢 / 149
　　十一、仔猪红痢 / 150
　　十二、猪传染性萎缩性鼻炎 / 151
　　十三、猪气喘病 / 153
第二节　猪常见的寄生虫病及防治 / 154
　　一、猪囊虫病 / 154
　　二、猪蛔虫病 / 155
　　三、猪旋毛虫病 / 157
　　四、猪疥螨病 / 158
　　五、猪虱病 / 159
第三节　猪常见的普通病及防治 / 160
　　一、猪亚硝酸盐中毒 / 160
　　二、猪菜籽饼（粕）中毒 / 161
　　三、猪酒糟中毒 / 162
　　四、猪霉败饲料中毒 / 162
　　五、猪食盐中毒 / 163
　　六、猪的佝偻病与软骨病 / 164
　　七、猪白肌病 / 165
　　八、仔猪贫血症 / 165
　　九、猪维生素 A 缺乏症 / 166
　　十、猪维生素 B 缺乏症 / 166
　　十一、母猪子宫炎 / 167
　　十二、母猪乳腺炎 / 168
　　十三、母猪产后瘫痪 / 168
　　十四、猪中暑 / 169
　　十五、猪脱肛 / 169

附　录 / 171

附录 A　瘦肉型生长育肥猪饲养标准 / 171
附录 B　妊娠母猪饲养标准 / 175
附录 C　猪的日粮配方实例 / 177
附录 D　猪常见病的鉴别诊断 / 181

参考文献 / 186

第一章 猪场的建设与设备

第一节 猪场场址的选择与布局

一、猪场场址的选择

新建猪场，选择场址是一项很重要的工作，在选择时应注意以下几项必要的条件。

（1）**交通方便** 一个养猪场每天要进出的物资（饲料、粪便、产品）数量很大，如果交通不便，会增加运输费用，增加饲养成本。因此，选定的场址必须交通方便，最好比较僻静，远离交通干线（铁路、公路）、牲畜交易市场和屠宰场等（图1-1），以防疫病传入。

（2）**地势高，干燥平坦，排水良好（图1-2）** 猪场要朝南或朝东南，稍有斜坡，这样既便于排水，又能得到充足的阳光，冬季有利于防风。一般以沙质土壤为宜，低洼潮湿的地方不宜建猪场。

图1-1 猪场应交通方便，且远离交通干线、牲畜交易市场和屠宰场等

图1-2 猪场地势高，场内地面干燥平坦，排水良好

（3）**水质要求良好** 猪场的水源要充足，水质要清洁，取水要方便。饮水常是疫病的传播媒介，理想的供水系统最好是用地下水或自来水（图1-3）。

（4）**要有充足的电力资源** 随着猪场机械化的发展，电力资源是必不可少的建场条件。因此，建场后电力、能源要便利，不能对生产造成不良影响。在电力不足的地区，应自备发电机（图1-4和图1-5）。

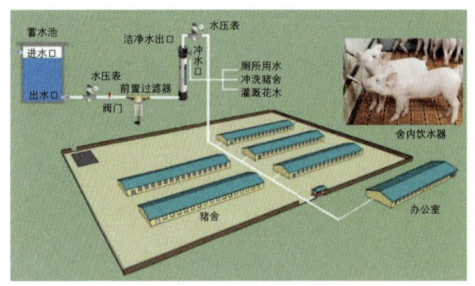
图1-3 猪场理想的供水系统

图1-4 电力供应充足

（5）与居民区有一定的距离　与居民住宅的距离至少500米，位于居民区的下风向（图1-6）。

图1-5 小型发电机

图1-6 猪场距离居民住宅至少500米，位于居民区的下风向

（6）有足够的占地面积　猪场的占地面积依据猪场生产的任务、性质、规模和场地的总体情况而定。生产区面积可根据饲养繁殖母猪、种公猪、保育猪及肥育猪的数量来计算。猪场生活区、管理区、隔离区另行考虑，并留有发展余地。

二、猪场内的布局

猪场场址选定之后，即刻考虑猪场总体规划和布局问题，因为布局是否合理，直接关系到正常组织生产，提高劳动效率和降低生产成本，增加经济效益。场内各种建筑物的安排，要做到布局整齐，建筑物排列紧凑，尽量缩短供应距离。猪场的总体布局应尽量使猪舍坐北朝南，各建筑物排列成行，把整个猪场划为生产区、管理区、生活区和隔离区四部分（图1-7~图1-9）。

（1）生产区　包括猪舍、饲料加工厂、饲料调制间、饲料仓库、人工授精室和交配场、消毒池等。猪舍是猪场的主要部分，应设在猪场中心较干燥的地方，位于办公室、宿舍区的下风向和病猪隔离舍的上风向。就猪舍布局来说，育肥猪舍和仔猪舍应设在猪场进口较近的地方。种猪舍应设在猪场进口较远的地方。育肥猪舍与种猪舍之间应有一定的距离，一般为60~100米。公猪舍与母猪舍应间隔10米以上，且位于母

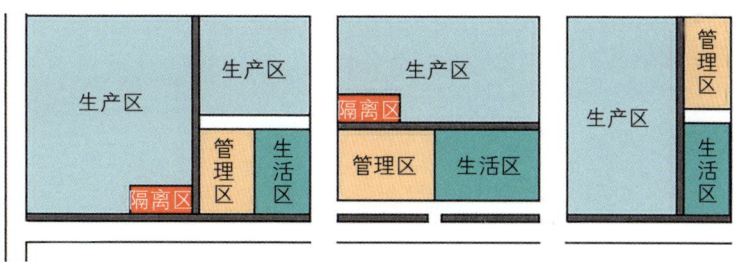

图 1-7　综合性猪场平面布局示意图

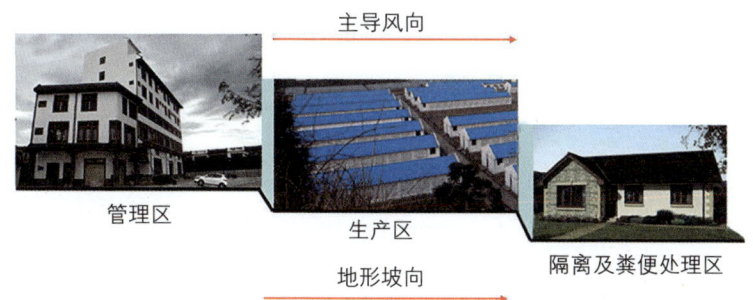

图 1-8　猪场规划示意图

猪的上风向。为了配种方便，公猪舍离人工授精室或交配场地不能太远，人工授精室和交配场应设在母猪舍附近。每栋猪舍前后间距 10~20 米，左右间距 10~15 米，运动场可设在猪舍的一侧或两侧。

大型猪场在生产区的进口处应有卫生通过室和消毒池，凡进入生产区的人员应先洗手、消毒、更衣和换胶鞋。外来车辆要通过消毒池消毒后才准进入场内。

图 1-9　某种猪场远景图

（2）管理区　包括猪场的办公室、会议室、接待室和车库等。从防疫的角度出发，管理区与生产区隔离，自成一院，其位置设在生产区的上风向。

（3）生活区　包括职工宿舍、食堂、文化娱乐室等，应位于生产区的上风向。

（4）隔离区　包括兽医室、病死猪解剖室和尸体坑等，应设在生产区的下风向位置，并远离生产区至少 100 米。

猪场的道路应设置南北主干道，东西两侧设置车道。另外，场内道路应设净道和污道，并相互分开，互不交叉。水塔的位置应尽量安排在猪场地势最高处。为了防疫和隔离噪声的需要，在猪场四周应设置隔离林，并在冬季的主风向设置防风林，猪舍之间的道路两旁应植树种草，绿化环境。

第二节 猪舍设计

一、猪舍的类型

猪舍的类型繁多,分类的方法不尽相同。按猪舍屋顶形式分类,可分为单坡式、双坡式、联合式、平顶式和拱式(图1-10)等;按猪栏排列方式分类,可分为单列式、双列式和多列式;按猪舍墙和窗的设置形式分类,可分为开放式(图1-11)、半开放式(图1-12)、有窗式(图1-13和图1-14)和无窗式(图1-15和图1-16);按饲养猪的种类分类,可分为公猪舍、母猪舍、仔猪舍、育肥猪舍等;按机械化程度分类,可分为半机械化猪舍、机械化猪舍和工厂化猪舍。

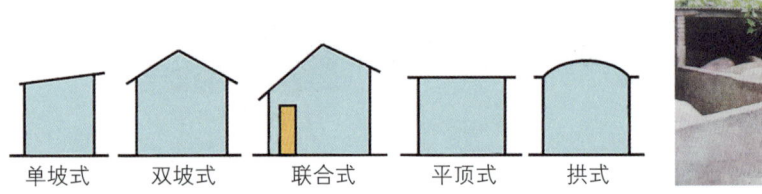

图1-10 猪舍屋顶式样示意图　　　　图1-11 开放式猪舍

图1-12 半开放式猪舍　　图1-13 有窗式猪舍外观图　　图1-14 有窗式猪舍内部图

(1)单列式猪舍　即在猪舍内有一列猪栏,根据形式又可分为带走廊的单列式猪舍(图1-17)和不带走廊(暖棚式)的单列式猪舍(图1-18)。单列式猪舍投资少,结构简单,维修方便,且通风透光,一般适用于养猪大户和小型猪场。

图1-15 无窗式猪舍外观图　　图1-16 无窗式猪舍内部图　　图1-17 单列式猪舍
　　　　　　　　　　　　　　　　　　　　　　　　　　　　　　(室内带走廊)

单列式猪舍根据其屋顶的形式又可分为单坡式、双坡式、联合式、平顶式和拱式等。单列式猪舍根据墙的设置又可分为开放式和半开放式两种。开放式猪舍三面有墙，一面无墙；半开放式猪舍三面设墙，一面为半截墙。

（2）双列式猪舍（图1-19）　双列式猪舍舍内有南北两列猪栏，中间有一条通道或南北中有三条走道。这种猪舍结构紧凑，容量大，能充分利用猪舍的面积，且便于管理，其劳动效率比单列式猪舍高，因此适合规模较大、现代化水平较高的猪场使用。但这种猪舍跨度较大，结构较为复杂，造价较高，尤其是北面的猪栏采光较差，冬季寒冷，不利于猪群的生长繁殖。

（3）多列式猪舍　即舍内有三列或三列以上的猪栏（图1-20和图1-21），这种猪舍容纳的猪数量较多，猪舍面积的利用率高，有利于充分发挥机械的效率，因此为大型的机械化养猪场所采用。但是，多列式猪舍南北跨度较大。因此采光通风性差，不适合南方高温地区采用。

图1-18　单列式猪舍
（暖棚式）

图1-19　双列式猪舍

图1-20　传统多列式猪舍

（4）塑料暖棚猪舍（图1-22和图1-23）　在我国北方寒冷地区采用开放式或半开放式猪舍，冬季的防寒保温性能很差。近年来，北方地区的不少猪场在冬季采用塑料薄膜覆盖猪舍的运动场或塑料暖棚猪舍，有效地提高了猪舍的防寒保温性能，取得了明显的经济效益。

图1-21　现代化多列式猪舍

图1-22　塑料暖棚猪舍
（单列式）

图1-23　塑料暖棚猪舍
（双列式）

二、猪舍设计上的基本要求

猪舍建筑也是养好猪的重要条件，一栋理想的猪舍应具备以下要求。

（1）冬暖夏凉　猪舍温度高低对猪群保健和生长发育影响很大。温度过高，体热不易散发，猪的食欲降低，代谢机能减退，饲料转化率下降，对疾病的抵抗力降低；温度过低，增加猪体热能的消耗，因而猪的生长发育减缓，甚至停止生长或者感染一些疾病。解决的方法首先是正确选择猪舍的朝向，较理想的猪舍是坐北朝南，或坐西北朝东南。这样，炎热的夏季多东南风向，可吹入猪舍内，保持凉爽，冬春季向阳，阳光直射猪舍内，光照时间长，可以自然取暖。其次还要考虑猪舍门窗设计，适当降低猪舍的举架，以不影响操作为宜。一般双坡单列封闭式猪舍前檐高1.8米，后檐高1.6米。另外，还要正确选用建筑材料（如空心大块砖），为猪舍冬暖夏凉创造条件。

（2）通风透光，保持干燥　通风对猪的体温散失有重要作用。通风可加快猪体热量的散发，并可清除空气中的有害气体，改善空气中的化学成分和猪舍卫生，对猪舍地面干燥有很大作用。充足的光照可使猪舍保持干燥和冬季保温。在设计时应因地制宜，参照采光系数和通风率进行设计。

（3）便于日常操作　猪舍的过道、猪栏门、饲槽、水槽设计要合理，这样能便于操作。猪舍的过道宽度为1.2~1.5米；饲槽最好是在猪栏外，让猪把头伸到猪栏外面吃食，也可在猪栏内2/3，猪栏外1/3，这样，可以在添料时不被猪撞撒，减少饲料的损失。每个圈都要设门，门宽为50~55厘米，门高要和猪栏同高，而且要坚固。

（4）要有严格的消毒措施　猪舍的门口一定要设消毒池和消毒装置，把传染病减少到最低限度。

三、猪舍建筑上的基本要求

在猪舍建筑上，总的要求是因地制宜、坚固耐用、经济实用。

（1）地基　猪舍一般不是高层建筑，对地基的压力不会很大，因此除了淤泥、沙土等非常松软的土质以外，一般中等以上密度的土层均可以作为猪舍的地基（图1-24）。

（2）基础　基础是猪舍的地下部分，也是整个猪舍的承重部分，常用碎砖、鹅卵石或混凝土等砌成。基础深入地下的程度由建筑物的大小、地基的种类、地下水位的高低及冻土层的深度所决定（图1-25）。

图1-24　高密度土层地基

图1-25　混凝土基础

（3）墙壁 猪舍的墙壁要求坚固耐用，同时又要求具有良好的隔热保温性能，保护舍内的小环境不受外界天气急剧变化的影响。在我国多用草泥、土坯、砖以及石料等材料建筑猪舍。草泥或土坯墙的造价低且具有良好的隔热性能，冬暖夏凉，但是很容易被暴雨或大水冲浊，因此需要经常维修，一般只适用于气候干燥地区。石料墙坚固耐用，但保温性能差。砖墙也比较坚固，而且保温防潮，是较理想的猪舍墙体（图1-26）。

（4）屋顶 猪舍的屋顶要求结构简单、坚固耐用、排水便利，且具有良好的保温性能。在我国多采用草料、平瓦、预制板、泥灰、石棉瓦、彩钢板（图1-27~图1-30）等材料修建屋顶。草料的屋顶造价低，且具有良好的保温性能，但不耐久，且防火性能差。平瓦、预制板、石棉瓦等修造的屋顶坚固耐用，但造价较高，且保温性能不如草料的屋顶。

（5）地面（图1-31） 猪舍的地面要求坚实平整、无缝隙，保温性能好，具有一定的弹性，不透水，且具有适当的坡度（一般为2%~3%），易于清扫和消毒。为了保持舍内干燥，舍内地面应比舍外地面高出20~30厘米。舍内地面可采用土、砖、水泥等材料修建。目前我国一些猪场修建猪舍多用水泥地面，水泥地面一般用碎砖做基础，上铺混凝土（比例为水泥1份、砂子3份、石子6份）厚10厘米，压实抹平，再涂一层2厘米厚的水泥砂浆即成。

图1-26 猪舍砖墙

图1-27 草料屋顶猪舍

图1-28 平瓦屋顶猪舍

图1-29 泥灰屋顶猪舍

图1-30 彩钢板屋顶猪舍

图1-31 水泥地面（保温）和砖地面

（6）门、窗（图1-32） 猪舍门的设置首先应保证猪群的自由出入，以及运料和出粪等日常生产的顺利进行。因此，猪舍的门一般设在猪舍的两端，宽度与通道相等，高2米左右，不设门槛。猪舍过长时中部也可设门，便于饲养管理。

猪舍窗的位置和大小直接影响到舍内温度、光照度和湿度。窗户面积越大，采光越多，通气越好，但散热也多，冬季保温性能差。窗分直立式（高大于宽）与横卧式（宽大于高）两种。两者在面积相同的情况下，直立式比横卧式光照度大15%~20%，但直立式没有横卧式保温好。

一般猪舍南边窗户的宽度为1.2~1.5米，高度为0.7~0.8米，窗台距地面为1.1~1.3米。北面应小一些，离地面高一些。

图1-32　猪舍内门、窗

（7）舍内隔墙（隔栏）　猪栏周围的隔墙要求坚固耐用，一般用单砖砌成，外抹水泥（图1-33）。也有的用钢筋、钢管围成隔栏。前者取材方便，造价低；后者通风、透光良好，但造价较高。隔栏一般是固定的，但也可在猪栏间做活动的，这样便于调节猪栏面积，同时也便于机械化清粪。

（8）粪尿沟（图1-34）　粪尿沟要求平滑，有1%~1.5%的坡度。断面呈椭圆形，宽15厘米，深10厘米。粪尿沟单列式猪舍设在运动场的墙外边，双列式猪舍设在中央两侧。粪池设猪舍一端或猪舍外粪场处。粪池应不漏水，边缘高于地面，便于防雨保持肥效。粪池大小视饲养规模而定。

（9）通道　通道的宽度应根据猪栏排列形式和饲喂操作方式来决定。一般单列式猪舍，通道多设在靠北墙的一边，宽度为1.2~1.5米。双列式猪舍通道多设在猪舍中间，宽度为1.5米（图1-35）。

图1-33　猪舍内水泥隔栏　　图1-34　猪舍内粪尿沟　　图1-35　猪舍内两列猪栏中间的通道

第三节　猪舍内部设备

一、猪栏

猪栏的类型比较多，按猪栏构造可分为实体猪栏、栏栅式猪栏、综合式猪栏等。

实体猪栏（图1-36）为钢筋混凝土预制板或砌砖制成。优点是造价低，防风，安静，减少疾病传播；缺点是视线受阻，通风不良。

栏栅式猪栏（图1-37）常用钢管、角钢、圆钢、钢筋等焊接成栅状，经装配固定而成。优点是通风，视线好，便于防疫消毒；缺点是需要钢材多，造价高。

综合式猪栏有两种形式，一种是两猪栏相邻的隔栏，采用实体砖砌成短墙结构，走道正面为栏栅结构（图1-38）。另一种是猪栏下部为砖砌实体结构（约为1/2），上部为栏栅结构，改进了实体猪栏视线差和通风不良的缺点。

图1-36　实体猪栏　　　　图1-37　栏栅式猪栏　　　　图1-38　综合式猪栏

（1）公猪栏　种公猪具有体格较高大、爱运动、破坏力强和怕热不怕冷等特点，在炎热地区，种公猪栏（图1-39）多采用开放式或半开放式，跨度一般较小，净高较大，以利于防暑降温；而寒冷地区则一般采用封闭式猪舍，用大窗户通风。

种公猪一般为单栏饲养，单列式或双列式布置。由于配种时母猪不定位，操作不方便，而且配种时对其他种公猪干扰大，因此，应单独设计配种栏，最好不要在一起。

另外，种公猪舍围栏设施及围栏门宜坚固结实，且围栏高应达到1.2~1.4米，围栏门宽0.8米左右，地面坚实平整，排水坡度为5%左右。应配运动场。

（2）母猪栏

1）空怀及妊娠母猪栏。由于采取的饲养方式不同，猪栏面积有所不同。如采用群养，每栏饲养母猪4~5头，猪栏面积为7~9米^2，每头母猪1.5~2.8米^2。猪栏结构有实体、栏栅式和综合式3种，多为单过道双列式，栏高1米，地面坡度不要大于2%，地面不能过于光滑（图1-40）。

母猪（尤其是妊娠母猪）可采用单体限位饲养，即一个母猪栏饲养一头母猪。一般采用金属结构，典型尺寸为2.1米×0.6米×1.0米（即长×宽×高）。优点是猪栏面积小，便于观察母猪发情和合理饲养，环境相对安静（猪与猪之间干扰少），减少机械性流产（图1-41）。

在母猪整个饲养期，其饲养方式有3种，一是在整个空怀期、妊娠期采用单栏限位饲养。母猪采用单栏限位饲养，其优点是占地面积小，喂饲料、观察、管理方便，母猪不会因碰撞而导致流产。但缺点是母猪活动受限制，运动量较少，对分娩有一定

图1-39 种公猪栏　　　图1-40 群养母猪栏　　　图1-41 妊娠母猪限位栏

影响。二是在整个空怀期、妊娠期采用群栏饲养，一般每栏3~5头。其优点是增加了母猪活动量，但缺点是容易发生因母猪间相互争斗或碰撞而导致流产。三是在空怀期和妊娠前期采用群栏饲养，妊娠后期则单栏限位饲养。

2）母猪分娩栏（图1-42）。母猪分娩栏一般采用单饲猪栏，中间部分为分娩母猪限位区，两侧为哺乳仔猪活动区。母猪限位区前端有饲槽和水槽（或自动饮水器），后端有防母猪后退的装置（杆件或片件），以保持两侧仔猪安全往来。母猪限位区两侧有防压装置（杆状或片状）。在仔猪活动区设有补料槽和自动饮水器，必要时设保温箱，采用加热地板、红外线、热风器等，提高局部环境温度。分娩栏长度为2.2~2.3米，宽度为1.3~2.0米（母猪限位区宽度为0.55~0.65米）。

（3）断奶仔猪保育栏（图1-43）仔猪断奶后转入保育栏。通常由漏缝地板、围栏、自动饲槽和连接卡等组成。猪栏由支撑架设在粪沟上面，猪栏多为双列式或多列式。底网有全漏缝和半漏缝两种，多用直径5毫米的冷拔钢筋编织而成，或用钢筋直接焊接、用异型钢材焊接，或用全塑料漏缝地板。

（4）育成、育肥猪栏（图1-44）育成、育肥猪栏的形式较多，其隔栏结构有砖砌隔栏、金属隔栏及综合式隔栏三种形式，地面结构有三合土、砖或水泥地面以及水泥或金属漏缝地板等几种形式，每头猪所占面积为0.9~1.0米^2，栏高0.9~1.0米，多为中间带走道的双列式猪栏。三合土地面导热性小，柔软舒适，但易被粪尿等污染，砖砌地面也存在同样的缺点，水泥地面则太硬，且导热性大，不利于猪的健康。漏缝地板的优点是易于清洗和消毒，水泥漏缝地板造价低廉，但损坏后不易维修，金属漏缝

图1-42 母猪分娩栏　　　图1-43 断奶仔猪保育栏　　　图1-44 育成、育肥猪栏

地板虽然造价较高，但使用寿命长，维修方便。漏缝地板直接架设在粪沟上，这种结构给管理带来很大的方便，其缺点是猪舍的湿度大，有害气体含量高。

二、猪舍内地面

一般农户和养猪大户及小规模猪场，多用水泥地面或立砖地面，有少数用片石或三合土地面。现代化猪场则以水泥地面和漏缝地板相配套。无论采用何种方式，均需保持干燥、卫生，便于消毒。

（1）水泥、立砖地面 水泥地面（图1-45）首要的是把基础处理好。立砖地面（图1-46）要挑选平面整齐、抗压性强的砖，立直挤严。两种地面相比较，立砖地面有较好的弹性和保温性能，但易造成消毒不彻底。

图1-45 水泥地面

图1-46 立砖地面

（2）漏缝地板 漏缝地板种类较多，有块状、条状和网格状等。使用的材料有水泥、金属、塑料和陶瓷等。

1）水泥漏缝地板（图1-47）。地板的规格很多，要根据猪栏的规格来定。地板制作时，最好用金属模具。水泥、沙、石原料的配制要合理，并要用振动器捣实，表面要平整光滑，内无蜂窝状疏松空隙，避免粪尿积存。漏缝地板内要有钢筋"龙骨"，确保地板有足够的承受强度。地板漏缝宽度为2厘米，缝与缝之间的间距为5厘米。

2）金属漏缝地板。根据加工工艺的不同分为钢筋焊接网板（图1-48）、钢筋编织网板和铸铁块状地板等。钢筋焊接网板和编织网板，钢筋直径以4~5毫米为宜，也可选用6.5毫米，表面镀锌或塑料更好，缝宽1.8厘米。焊接与编织网板适用于分娩母猪和断奶仔猪，铸铁地板则适用于育成、育肥猪栏。金属漏缝地板由于漏缝较大，粪尿易于下漏，缝隙不易堵塞，并有一定的防滑性能。

3）塑料漏缝地板（图1-49）。塑料漏缝地板，是以工程塑料模压而成，条宽2.5

厘米，缝宽2厘米。它可小块拼装组合，使用方便。该地板因其保温性能好，导热系数低而广泛应用于哺乳仔猪休息区和断奶仔猪保育栏。

图1-47　水泥漏缝地板　　图1-48　金属（钢筋）漏缝地板　　图1-49　塑料漏缝地板

三、喂料设备

选用什么样的喂料设备，应考虑猪场的规模、资金、劳动力、饲料资源和饲料形态等情况。理想的方式是将饲料厂加工好的饲料，用运输车送入贮料塔，再通过螺旋或其他输送机，将饲料直接送进饲槽或自动饲槽。

（1）自动饲喂系统　主要由贮料塔、饲料输送机、输送管道、自动给料设备、计量设备和饲槽等组成（图1-50）。

（2）加料车　加料车在我国各类猪场普遍使用，工厂化养猪的加料车，仅作为辅助送料设备，主要用于定量饲养的配种栏、妊娠栏和分娩栏的猪，将饲料从饲料塔运至饲槽。加料车有电动加料车（图1-51）和手推人工加料车（图1-52）。

图1-50　自动饲喂系统　　　　　　　　　图1-51　电动加料车

（3）饲槽　饲槽的种类较多，大体上可分为普通饲槽和自动饲槽两类。普通饲槽根据其使用材料又可分为水泥饲槽和金属饲槽，水泥饲槽坚固耐用，价格低廉，既适合喂干料也适合喂湿拌料。

自动饲槽也称自动采食箱，一般由饲料箱和饲槽两部分组成，饲槽中的饲料被吃掉后，饲料箱中的饲料会自动添加到饲槽内，猪可以在任何时候自由采食，因此这种饲喂方式可大大地节省劳动力，适用于机械化养猪场（图1-53~图1-57）。

图 1-52　手推人工加料车

图 1-53　白钢圆形自动饲槽

图 1-54　白钢长方形自动饲槽

图 1-55　水泥制长方形自动饲槽

图 1-56　白钢半圆形饲槽

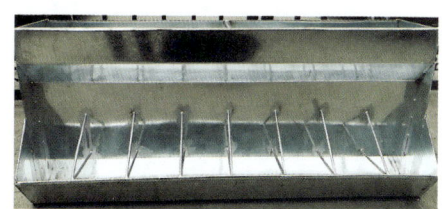
图 1-57　长饲槽

四、饮水设备

猪场的饮水设备有水槽和自动饮水器等。水槽是我国传统的养猪设备，有水泥槽和石槽等，这种设备投资小，较适合小型猪场，其缺点是必须定时加水，工作量较大，且水的浪费多，卫生条件也差；自动饮水设备一般包括供水管道、过滤器、减压阀及自动饮水器等几部分。自动饮水器可以日夜供水，减少了劳动量，且清洁卫生，一般规模化猪场多采用这种形式。自动饮水器分为鸭嘴式、乳头式、碗式等。

（1）鸭嘴式自动饮水器（图1-58）　鸭嘴式自动饮水器可供5~10头猪饮水，一般安装在饮水区自来水管上。鸭嘴式饮水器构造简单，由鸭嘴体、阀杆、胶垫、固定弹簧等零件组成（图1-59）。猪饮水时，将鸭嘴体衔于口内，挤压阀杆，克服弹簧压力，使阀杆胶垫与水孔偏离，于是水经饮水器管体流入猪的口腔中；当猪嘴离开阀杆时，阀杆在弹簧作用下，自动回位，饮水器停止供水。

图 1-58　鸭嘴式自动饮水器

（2）乳头式自动饮水器（图1-60）　乳头式自动饮水器可供10~15头猪饮水。它是由阀杆、钢球、饮水器体等部件组成。猪饮水时，向上拱动阀杆，抬起钢球时由阀杆形成的两个密封圈被移动，于是水通过错开的间隙而流出。猪离开时，钢球和阀杆自动回位，停止供水。

（3）碗式自动饮水器（图1-61） 每个碗式自动饮水器可供10~15头猪饮水。它由饮水碗、阀门机构、压板等组成。当猪需要饮水时，将嘴伸入饮水碗内，并将压板压下，压板在克服阀门弹簧的压力后，将阀门推入，水即通过阀门口流入饮水杯内。猪饮完水后，将头抬起，在阀门弹簧的作用下阀门杆和压板回到原来的位置，阀门口被阀门重新封住，水就停止流出。

图1-59 鸭嘴式自动饮水器构造　图1-60 乳头式自动饮水器　图1-61 碗式自动饮水器

五、保温与通风、防暑设备

为了猪的生理需要，冬夏季节应根据各类猪的不同情况，做好防寒保暖和防暑降温工作，以利于养猪生产，提高经济效益。

（1）保温设备　目前国内养猪生产中母猪舍、分娩舍和保育猪舍多采用热风炉或煤炭炉来保温。热风炉每栋猪舍一般装有2个即可，煤炭炉需要6个才能达到猪所需的温度。但也有使用暖气设备来保温的，这种保温成本高，采用时应慎重。因仔猪要求的温度比较高（30~35℃），应特制保温箱、红外线灯、电热板等单独保暖（图1-62~图1-64）。

图1-62 保温箱　　　　　图1-63 红外线灯　　　　　图1-64 电热板

（2）通风设备　过去猪舍主要通过门、窗、排风扇进行通风，现代化猪场采用联合通风系统，全自动控制，夏季采用湿帘加风机的纵向通风措施，降低高温对猪的影响，冬季采用横向通风措施，保证猪舍温度的同时保证了最低通风量（图1-65）。

（3）防暑设备　在炎热的夏季，除将舍窗打开降温外，还可安装电风扇（吊扇）、排风扇等进行降温。另外，还可以采用喷雾式降温、风扇水帘降温等（图1-66）。

六、清粪设备

猪场的清粪有人工清粪、水冲清粪和机械清粪等几种形式。

个体养殖户及规模较小的猪场一般多采用

图 1-65　现代化通风系统

图 1-66　风扇水帘降温系统

人工清粪,即主要靠饲养人员打扫猪舍内粪便,用车拉到粪场堆积起来进行发酵处理,处理的粪肥可作为农家肥料或养鱼的饲料。

水冲清粪多用于饲养规模较大的封闭式、双列式猪舍,粪尿沟设在猪舍中央通道下面,舍内各猪栏都有暗沟相通,每天用水将猪栏内粪尿冲入粪尿沟,粪尿沟由一端向另一端倾斜。然后,再通过总坑道流入舍外大的粪坑中,定期从大坑清理粪尿。

大型规模化猪场多采用机械清粪。常采用的清粪机主要有两种,一是链式刮板清粪机,二是往复式刮板清粪机。

(1)链式刮板清粪机(图 1-67)　由链刮板、驱动装置、导向轮和张紧装置等部分组成。工作时,驱动装置带动链子在粪沟内做单向运动,装在链节上的刮板便将粪便带到小集粪坑内,然后由倾斜的升运器将粪便提升并装入运粪拖车运至集粪场。

(2)往复式刮板清粪机(图 1-68)　由带刮板的滑架(两侧面和底面都装有滚轮的小滑车)、传动装置、张紧机构和钢丝绳等构成。清粪机滑架的刮板间距为 10~20 米,滑架的往复行程要大于刮板间距。

图 1-67　链式刮板清粪机

图 1-68　往复式刮板清粪机

七、其他设备

猪场还有一些配套设备,如背膘测定仪、妊娠探测仪、活动电子秤、模型猪、耳号钳、电子识别耳牌、断尾钳、仔猪转运车,以及用于猪舍消毒的火焰消毒器、兽医工具和尸体处理设备等。

第二章
养猪品种的选择与利用

第一节 猪的生物学特性与养猪品种的选择

一、猪的生物学特性

猪在进化过程中，由于自然选择和人工选择的作用，逐渐形成了某些与马、牛、羊等有所不同的特性。

（1）多胎高产，世代间隔比较短　猪一般 4~5 月龄性成熟，6~8 月龄就可以初次配种。猪的妊娠期短，只有 114 天左右。经产母猪一年能产两胎以上，每胎 10 头左右（图 2-1）。我国地方猪种产仔数多，分布在长江下游太湖流域的太湖猪是全世界猪种中产仔数最多的猪种，经产母猪每窝产仔数达 15~16 头。

猪的性成熟早，妊娠期短，一般 1~2 年 1 个世代。有的猪场采用头胎母猪留种，可缩短至 1 年 1 个世代，加速了猪群的更新和选育进展。

（2）生长期短，脂肪沉积能力强　和马、牛、羊比较，猪的胚胎生长期短，但生长强度最大。

由于胚胎生长期短，同胎仔猪数又比较多，故出生时发育不充分，头的比例比较大，四肢不健全，初生体重小（占成年体重的 1% 以下），各系统器官发育不完善，对外界环境的抵抗力较差，初生时需要保温（图 2-2）。

（3）具有杂食性，饲料转化率高　猪属于杂食动物，其门齿、犬齿和臼齿均较发达，胃是肉食动物的单胃与反刍动物的复胃之间的中间类型，因而能利用各种动植物和矿物质饲料（图 2-3）。但猪不是什么食物都吃，有择食性，能辨别口味，特别喜爱甜食。猪具有坚强的鼻吻，好拱土觅食，所以对猪舍建筑和饲料地有破坏性，也容易从土壤中感染寄生虫等疾病。

和肉用牛或羊比较，猪利用饲料转化成肉食品的效能较高。例如，猪在生长期的料肉比通常为（3.5~4）:1，即喂给 3.5~4 千克的饲料可增长体重 1 千克；而 1 周岁去势牛在育肥期料肉比为（9~10）:1，羔羊在育肥期料肉比为（8~9）:1。

（4）耐热性差，嗅觉和听觉灵敏，视觉不发达　猪的汗腺退化，皮下脂肪层厚，体内热量不易大量散发,皮肤的表皮层较薄,被毛稀少,对光化性反射的防护力较差。这些生理上的特点,使猪不耐热。

图2-1 每胎产多仔

图2-2 初生时需要保温(用红外线灯加热保温)

图2-3 猪能利用各种动植物和矿物质饲料

猪需要的适宜温度按照日龄不同而异。育肥猪的适宜温度通常为20~23℃,但哺乳仔猪由于体温调节机能不健全,怕冷,仔猪1~3日龄适宜温度为30~32℃,4~7日龄为28~30℃,15~30日龄为22~25℃,20~30日龄为20~23℃。年龄较大的猪,若处在环境温度30~32℃下,直肠温度开始升高。若温度升高至35℃,相对湿度为65%或更高时,猪则不能长期忍受。猪在较高的温度下,为了散热,会在泥泞或水中打滚,把潮湿的一侧身体暴露于空气中,或用鼻拱泥土,躺在较凉的下层泥土上。

猪的嗅觉发达,仔猪在出生后几小时便能鉴别气味。母猪能利用嗅觉识别自己生下的仔猪,排斥别的母猪所生的仔猪。猪能利用嗅觉区别排粪尿处和睡卧处。有的猪进圈后调教不好,第一次在圈内某处排粪尿,以后常在该处排粪尿。嗅觉在性机能中也有很大作用,发情母猪闻到公猪气味,即使公猪不在,也会表现出"发呆"反应。

猪的听觉分析器官很完善,能细致鉴别声音强度、音调和节律,容易对呼名、口令和声音刺激的调教养成习惯,利用这一特点,饲养员常可进行各种调教。

猪的视觉很弱,对光线强弱和物体形象的分析能力不强,不靠近物体看不见东西,常会跑错圈门,分辨颜色的能力也差。

二、猪的经济类型

猪的经济类型,是人们根据市场对瘦肉和脂肪的需求差异和不同的饲养条件,经长期向不同方向选育而形成的,是品种向专门化方向发展的产物。可分为脂肪型、瘦肉型和肉脂兼用型三种。

(1)脂肪型(图2-4) 这类猪的胴体脂肪含量高,背膘很厚,平均4~5厘米,最厚处可达6~7厘米,而瘦肉率很低,平均为35%~45%。其外形特点是头大,下颌沉垂而多肉,体躯宽深而稍短,体长与胸围大致相等,全身肥满,四肢短粗。皮薄毛稀,肉质细嫩,早熟,一般是在饲养条件较差或能量饲料比较充裕的情况下育成的品种。

如老型巴克夏猪、克米洛夫猪、东北的小荷包猪、南方的陆川猪、宁乡猪、内江猪等都属于这种类型。但近年来已逐渐被肉脂兼用型猪所代替。

（2）瘦肉型（腌肉型）（图2-5） 这种类型猪育肥期短，对饲料中蛋白质的利用率高，一般6个月体重达90~100千克，胴体瘦肉率为55%~60%，背膘薄，平均为1.2~2.2厘米，6~7肋骨背膘最厚处也不超过3.5厘米。其外形特点与脂肪型相反，头小，体长，背腰平直或略弓，肌肉发达，腿臀丰满，体长往往大于胸围15~20厘米。

从国外引进的长白猪、大白猪、汉普夏猪、杜洛克猪以及我国培育的三江白猪、新淮猪等都属于瘦肉型品种。

（3）肉脂兼用型（鲜肉型）（图2-6） 其外形特点和产肉性能都介于脂肪型和瘦肉型之间。这种类型猪以生产鲜肉为主，瘦肉和肥肉占胴体50%左右，背膘厚4~5厘米。我国的大部分猪种均属于这一类型。

图2-4　脂肪型猪示意图　　图2-5　瘦肉型猪示意图　　图2-6　肉脂兼用型猪示意图

不同类型猪生产肉脂比例的大小虽然由它的遗传性所决定，但也受饲养条件和育肥期长短的影响。例如，瘦肉型猪若延长育肥期，并喂给大量含碳水化合物丰富的饲料，胴体中瘦肉比例就会减少，相应的脂肪含量就会增加。

三、养猪品种的选择

在选择养猪品种时，应遵循以下原则。

（1）根据生产性能选择　优先选择各项生产性能突出，尤其是成活率高、生长发育整齐、生长速度快、出栏早、饲料转化率高的品种。

（2）根据适应能力选择　选择生活力强、能适应当地自然气候条件的品种。这样的品种在良好的饲养管理条件下能充分发挥遗传潜力，在较差的环境中表现出较强的抗逆性和较好的适应性，并且猪群中潜伏的疾病种类较少。

（3）根据消费特点选择　优先选择毛色、肉质受市场和消费者欢迎的品种。

（4）根据发展需要选择　随着时代发展，市场对瘦肉需求量越来越大，应优先选择瘦肉型品种。

（5）根据经济效益选择　经济效益的高低是养猪的关键指标。在选择饲养品种时，要根据自身条件、市场环境，做出生产目标预测，优先选择经济效益高的饲养品种。

第二节 猪的主要品种

一、主要的地方品种

(1) **东北民猪** 东北民猪（图2-7和图2-8）产于东北和华北部分地区，分大民猪、二民猪、荷包猪三种类型。其被毛全黑，头中等大，面直长，耳大下垂，单脊，腹围大，四肢粗壮，后躯斜窄。冬季密生绒毛，猪鬃良好，乳头7~8对。性成熟早，4月龄左右出现初情期，发情征候明显，配种受胎率高，有较强的护仔性。在农村，公、母猪体重50~60千克开始配种，平均头胎产仔11头左右，三胎以上产仔12~14头。

东北民猪的特点是耐粗饲，但饲料转化率低，肌肉不丰满，皮过厚，因而影响了肉用价值。

图2-7 东北民猪（公）

图2-8 东北民猪（母）

(2) **金华猪** 金华猪（图2-9和图2-10）主要产于浙江省金华地区的东阳、义乌两地。其躯体中部和四肢为白色，头颈和臀尾为黑色，俗称"两头乌"。体形较小，耳中等大、下垂，额面有皱纹，背略凹，腹稍下垂，臀较倾斜，乳头8对左右，头型有"寿字头"和"老鼠头"两类。成年公猪体重140千克左右，成年母猪体重110千克左右。

图2-9 金华猪（公）

图2-10 金华猪（母）

金华猪的特点是产仔多,农村养猪一般在5月龄(体重25~30千克)开始配种,初产母猪平均产仔数10~11头,三胎以上可产13~14头,母性好,早熟易肥,屠宰率高,皮薄骨细,肉质细嫩,脂肪分布均匀,适于腌制火腿和咸肉。但体形不大,仔猪初生重小,生长慢,后腿不够丰满。

(3)太湖猪 太湖猪(图2-11和图2-12)主要分布于长江下游江苏、浙江和上海交界的太湖流域,有二花脸、枫泾、梅山、嘉兴黑猪等多个地方类群。其体形稍大,头大额宽,额部和后躯有明显皱褶,耳大、软而下垂、近似三角形,背腰微凹,胸较深,腹大下垂,臀宽倾斜,四肢稍高,卧时散蹄,被毛稀疏,毛色全黑或青灰色,也有四蹄或尾尖为白色的,乳头8~9对,产仔数12~15头,高者达20头以上,成年公、母猪体重分别为140千克和115千克。

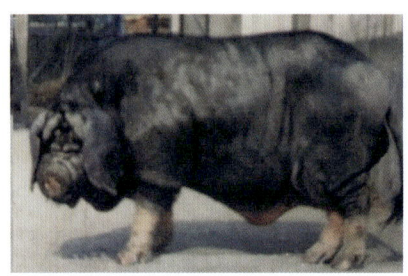 

图2-11 太湖猪(公)　　　　图2-12 太湖猪(母)

太湖猪的特点是产仔多,性情温驯,母性强,早熟易肥。但后躯发育差,后臀不丰满,四肢较软,增重较慢。

(4)内江猪 内江猪(图2-13和图2-14)产于四川省内江地区。其体形大、被毛全黑,鬃毛粗长,头大短宽,鼻极短,额部有深皱纹,耳大下垂,背宽微凹,腹围较大,乳头6~7对,农村饲养的母猪一般6月龄开始配种,初产母猪平均产仔9头左右,三胎以上产仔10~12头,成年公、母猪体重分别为160千克和145千克。

图2-13 内江猪(公)　　　　图2-14 内江猪(母)

内江猪的特点是生长发育快、性情温驯,仔猪哺育率高,耐粗饲,适应性强,育肥性能好。但皮厚，影响其猪肉品质。

（5）荣昌猪　荣昌猪（图2-15和图2-16）产于重庆市荣昌区和四川省隆昌市。其体形较大，除两眼四周或头部有大小不等的黑斑外，其余均为白色。头大小适中，面微凹，耳中等大、下垂，额面皱纹横行、有漩毛，体躯较长，背腰微凹，腹大而深，臀部稍倾斜，四肢细致、结实，鬃毛洁白、刚韧，乳头6~7对。农村饲养的母猪一般6~7月龄开始配种，初产母猪平均产仔6~7头，三胎以上产仔10~11头，成年公、母猪体重分别为100千克和90千克。

图2-15　荣昌猪（公）　　　　　图2-16　荣昌猪（母）

荣昌猪具有耐粗饲、适应性强，肉质好、瘦肉率高，配合力好，鬃质优良等特点。

（6）合作猪　合作猪（图2-17和图2-18）产于甘肃和青海一带，属于高原小型放牧猪种。其体形似椭圆形，毛色较杂，一般四肢、腹部、背腰多为白色，少数初生仔猪具有棕黄色条纹，但随年龄增长而消失，头狭小、呈锥形，额面无明显皱纹，耳小直立，体躯短窄，背腰平直或稍拱起，腹小微垂，蹄小坚实，体质强健，乳头一般5对左右，经产母猪产仔4~7头。成年公、母猪体重分别为29千克和33千克。

图2-17　合作猪（公）　　　　　图2-18　合作猪（母）

合作猪的特点是采食能力强，对高寒气候及粗放管理条件的适应性强，皮薄，后腿发达，肉质好（多用于制作腊肉），猪鬃粗长，量多质优。但体形小，生长速度慢，育肥期长，繁殖力低。

（7）陆川猪　陆川猪（图2-19和图2-20）产于广西壮族自治区陆川等县。其身躯矮短，额有横纹且多有白斑，面略凹或平直，耳小向外平伸，背腰宽而凹陷，腹大拖地，臀短倾斜，尾粗大，四肢粗短，多卧系，后腿有皱褶，被毛短细、稀疏，除头、耳、背、臀和尾为黑色外，其余为白色，乳头6~7对，产仔10头左右，成年公、母猪体重分别为100千克和75千克。

陆川猪的特点是早熟易肥，生长发育快，繁殖力、泌乳力强，耐粗饲，适应性好。但体形较小，大腿欠丰满。

图2-19　陆川猪（公）

图2-20　陆川猪（母）

（8）八眉猪　八眉猪（图2-21和图2-22）产于甘肃平凉和庆阳等地，分大八眉猪和二八眉猪两种。其体形中等，头较狭长，耳大下垂，额面有纵行"八"字皱纹，腹稍大，四肢结实，乳头6对左右，产仔10~12头。

八眉猪的特点是性情温驯，耐粗饲，抗病力强，鬃毛良好。但腹大下垂，生长发育慢，屠宰率低。

图2-21　八眉猪（公）

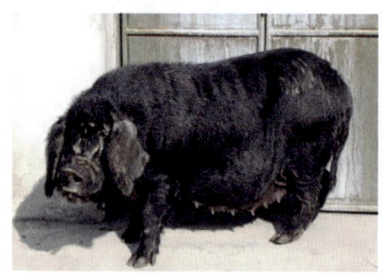
图2-22　八眉猪（母）

（9）宁乡猪　宁乡猪（图2-23和图2-24）产于湖南省宁乡等地，其毛稀而短，为黑白花，体躯上部多为黑色，下部为白色。头大小中等，额面有形状和深浅不一的横行皱纹，耳较小、下垂，颈短宽、多有垂肉，背腰宽，背线多凹陷，腹大下垂，臀宽微倾斜，四肢粗短，乳头6~7对，产仔10头左右。成年公、母猪体重分别为150千克和125千克。

 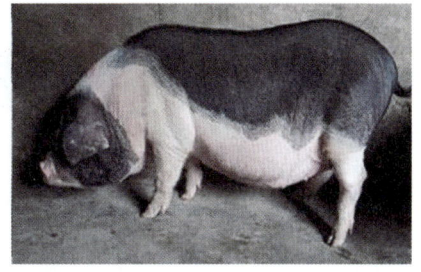

图 2-23　宁乡猪（公）　　　　图 2-24　宁乡猪（母）

宁乡猪的特点是耐粗饲，早熟易肥，脂肪蓄积能力强，皮薄、骨细、肉嫩。但腹大拖地，耐寒性差。

（10）香猪　香猪（图 2-25 和图 2-26）主要产于贵州省的从江县和广西壮族自治区的环江毛南族自治县，是典型的地方品种。其体躯矮小，毛色多全黑，头较直，额部皱纹浅而少，耳小而薄，略向两侧平伸或稍下垂，身躯短，背腰宽、微凹，腹大丰圆、下垂，后躯较丰满，四肢短细，后肢多卧系，乳头 5~6 对，母猪初情期为 4 月龄，初产母猪产仔 4~6 头，三胎以上产仔 6~8 头。

 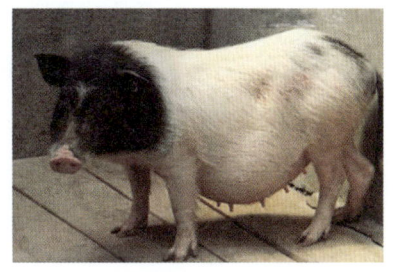

图 2-25　香猪（公）　　　　图 2-26　香猪（母）

香猪作为一种独特的猪种，具有许多优点，体形小，适应性强，耐粗饲，早熟易肥，肉质好，在养殖业受到广泛的欢迎。

二、主要的培育品种

（1）哈白猪　哈白猪（图 2-27 和图 2-28）产于黑龙江省哈尔滨一带，由约克夏猪、苏白猪等与当地民猪杂交育成，属肉脂兼用型品种。其被毛全白，头中等大小，耳直立、前倾、面微凹，胸宽而深，背腰平直，腿臀丰满，四肢健壮结实。母猪乳头 6~7 对，一般在 8 月龄体重达 90~100 千克时配种，产仔 10~12 头。公猪在 10 月龄体重达 120 千克左右时配种。成年公、母猪体重分别为 220 千克和 175 千克，屠宰率为 72.6%。

图 2-27　哈白猪（公）　　　　　　图 2-28　哈白猪（母）

哈白猪性情温驯，繁殖力强，适应性强，抗寒耐粗，生长快，耗料少。

（2）新金猪　新金猪（图 2-29 和图 2-30）产于辽宁省普兰店区（原新金县）等地，由巴克夏公猪与本地民猪杂交育成，属肉脂兼用型品种。全身大部分呈黑色，其余部分表现为"六白"或不完全六白。体躯结构匀称，头中等大小，颜面稍弯曲，两耳直立稍前倾，背腰平直，臀略斜，四肢健壮。母猪乳头 6 对以上，5~6 月龄达性成熟，一般在 9~10 月龄体重达 100 千克左右初配，产仔 11 头左右。公猪性成熟期为 5~6 月龄，一般在 9~10 月龄开始利用。成年公、母猪体重分别为 200 千克和 160 千克，屠宰率为 74%。

图 2-29　新金猪（公）　　　　　　图 2-30　新金猪（母）

新金猪性情温驯，易于管理，早熟易肥，饲料转化率高，胴体品质好。

（3）新淮猪　新淮猪（图 2-31 和图 2-32）产于江苏省，由约克夏猪与当地淮猪杂交育成。其被毛纯黑，但体躯末端有少量白斑，头稍长，嘴角平直或微凹，耳中等

图 2-31　新淮猪（公）　　　　　　图 2-32　新淮猪（母）

大、向前下方倾垂，背腰平直，腹稍大但不下垂，臀略斜，四肢强壮。母猪乳头 7 对以上，90~100 日龄达初情期，产仔 11 头左右。成年公、母猪体重分别为 200 千克和 150 千克，屠宰率为 68%。

新淮猪耐粗饲，适应性强，产仔多，但经济成熟性较差。

（4）三江白猪　三江白猪（图 2-33 和图 2-34）产于东北三江平原，由长白猪与民猪杂交育成，属瘦肉型品种。其被毛全白，头轻嘴直，耳下垂，背腰宽平，腿臀丰满，四肢健壮。母猪初情期约在 4 月龄，初产母猪产仔 10 头左右，经产母猪产仔 12 头左右。成年公、母猪体重分别为 250~300 千克和 200~250 千克。

图 2-33　三江白猪（公）

图 2-34　三江白猪（母）

三江白猪生长发育快，饲料转化率高，抗寒能力强，胴体瘦肉率高、品质好。

（5）上海白猪　上海白猪（图 2-35 和图 2-36）产于上海市，由约克夏猪、苏白猪与当地猪杂交育成。其被毛为白色，体形中等，头面平直或微凹，耳中等大小、略向前倾、背腰宽，腹稍大，四肢健壮，腿臀丰富。母猪乳头 7 对左右，多于 8~9 月龄体重达 90 千克时初配，产仔数 11~13 头。成年公、母猪体重分别为 250 千克和 180 千克，屠宰率 70%。

图 2-35　上海白猪（公）

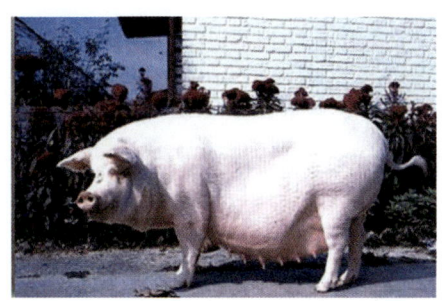
图 2-36　上海白猪（母）

上海白猪生长发育快，繁殖力强，饲料转化率高。

（6）北京黑猪　北京黑猪（图 2-37 和图 2-38）由巴克夏猪、约克夏猪、苏白猪与当地黑猪杂交育成。其全身被毛呈黑色，中等体形，头大小适中，两耳向前上方直立或平伸，面微凹，额较宽，背腰宽平，四肢健壮，腿臀丰满，结构匀称。乳头7对以上，初产母猪产仔10头左右，经产母猪平均产仔11~12头。成年公、母猪体重分别为250千克和180千克，屠宰率为70%~72%。

图2-37　北京黑猪（公）　　　　图2-38　北京黑猪（母）

北京黑猪适应性强，耐粗饲，肉质鲜嫩，瘦肉率高，口感好。

（7）湖北白猪　湖北白猪（图2-39和图2-40）产于湖北武昌地区，是通过大白猪、长白猪、本地猪杂交和群体继代建系方法，闭锁繁育而育成的，是我国新培育的瘦肉型品种之一。其全身被毛呈白色，个别猪眼角、尾根有少许暗斑，头较轻、大小适中，鼻直、稍长，耳向前倾或下垂，背腰平直，中躯较长，后腿较丰满，肢蹄较结实。母猪乳头6对以上，初情期为122日龄左右，发情持续期为6天左右。初产母猪产仔数平均为10.5头，经产母猪产仔数平均为12.5头。成年公、母猪体重分别为250~300千克和200~250千克，屠宰率为72%~73%。

图2-39　湖北白猪（公）　　　　图2-40　湖北白猪（母）

湖北白猪繁殖力强，瘦肉率高，肉质好，生长发育快，能耐受高温、湿冷气候条件，是开展杂交利用的优秀母本品种。

三、主要的引进品种

（1）长白猪　长白猪（图2-41和图2-42）产于丹麦，是世界上最著名的瘦肉型品种。其全身被毛呈白色，头小，鼻嘴狭长，耳前伸或下垂，身腰长，背平直而稍呈弓形，后躯发达，腿臀丰满，整个体形呈前窄后宽的楔子形。乳头7~8对，产仔数11头左右。成年公、母猪体重分别为210~250千克和180~200千克，屠宰率为71%~73%，胴体瘦肉率为58%以上。

图2-41　长白猪（公）　　　　　　图2-42　长白猪（母）

长白猪生长发育快，饲料转化率高，瘦肉率高，杂交效果好。但不耐寒，适应性较差。引入我国后经多年驯化饲养，适应性有所提高，分布范围日益扩大。随着内销和外贸对瘦肉型猪生产的迫切要求，在开展猪的二元或多元杂交利用提高瘦肉率方面，已成为重要的父、母本品种。

（2）**大白猪**　大白猪又称大约克夏猪（图2-43和图2-44），产于英国，是世界上著名的瘦肉型品种。其被毛呈白色，头颈较长，颜面微凹，耳大、稍向前直立，身腰长，背平直而稍呈弓形，四肢高而强健，肌肉发达，乳头6~7对，产仔11头左右。成年公、母猪体重分别为250~300千克和230~250千克，屠宰率为71%~73%。

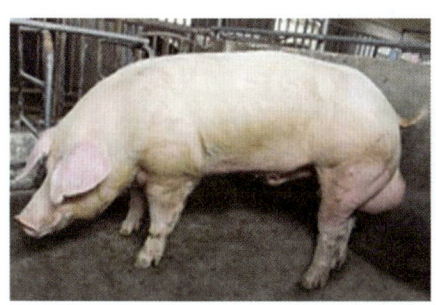 

图2-43　大白猪（公）　　　　　　图2-44　大白猪（母）

大白猪具有生长发育快、饲料转化率高、胴体瘦肉多（瘦肉率达61%）、产仔多、配合力好等特点，用大白猪作为父本与本地母猪进行二元杂交，杂种优势明显。

（3）**杜洛克猪**　杜洛克猪（图2-45和图2-46）产于美国，属瘦肉型品种。其体形高大，被毛呈红棕色，个体间有深浅之分，头小，颜面微凹，耳中等大小、略向前倾，体躯宽深，背略呈弓形，四肢粗壮，腿臀部肌肉发达、丰满，经产母猪产仔 11 头左右。成年公、母猪体重分别为 350 千克和 240 千克，屠宰率为 71%~73%，胴体瘦肉率达 60%~65%。

图 2-45 杜洛克猪（公）

图 2-46 杜洛克猪（母）

杜洛克猪生活力强，容易饲养，生长育肥快，饲料转化率高，产肉性能好。该品种猪在我国饲养繁殖状况良好，在商品猪生产中，利用该品种猪进行二元或三元杂交，对提高育肥猪胴体瘦肉率有明显效果。

（4）汉普夏猪　汉普夏猪（图 2-47 和图 2-48）产于美国，属瘦肉型品种。头和中、后躯被毛呈黑色，肩部、前肢围绕着一条白带，头大小适中，耳直立，嘴直长，体躯略长于杜洛克猪，背宽大略呈弓形，体质强健，结构紧凑，经产母猪产仔 10 头左右。成年公、母猪体重分别为 315~410 千克和 250~340 千克，屠宰率为 70%~75%，胴体瘦肉率达 60% 以上。

图 2-47 汉普夏猪（公）

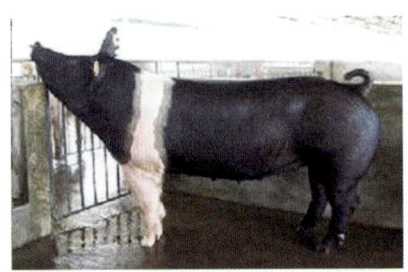
图 2-48 汉普夏猪（母）

汉普夏猪生长发育快，抗逆性强，饲料转化率高，胴体品质好，但产仔数较少。在我国养猪生产中，一般利用汉普夏猪作为二元杂交或多元杂交的父本。

（5）巴克夏猪　巴克夏猪（图 2-49 和图 2-50）产于英国，于清代末年开始引入我国。我国早期引入的巴克夏猪，体躯丰满而短，是典型的脂肪型品种。20 世纪 70 年代以后引入的巴克夏猪体形已有所改变，趋于兼用型。该品种猪于 20 世纪中期，在我国养猪生产中杂交利用较广泛，对促进我国猪种改良曾起到一定作用。

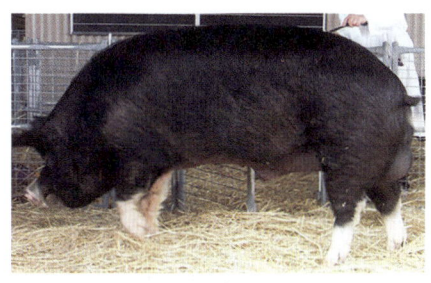

图 2-49　巴克夏猪（公）　　　　图 2-50　巴克夏猪（母）

巴克夏猪全身被毛大部分呈黑色而带有"六白"特征，即鼻端、四肢下部和尾梢为白色。头短而凹，嘴略向上翘，耳小前倾，背腰平直，肋骨开张，四肢粗壮，体质强健，性情温驯。成年公、母猪体重分别为220~320千克和200~225千克，产仔7~8头，屠宰率为80%左右。

（6）苏白猪　苏白猪（图2-51和图2-52）产于苏联，属肉脂兼用型品种。该品种猪在我国猪的杂交利用上曾一度产生过较大的影响，以其为父本与各地方品种的母猪杂交，可获得明显的杂种优势。在杂交育成新品种方面，苏白猪是利用面较广、贡献较大的品种。

图 2-51　苏白猪（公）　　　　图 2-52　苏白猪（母）

苏白猪全身被毛呈白色，头较大，嘴中等长，颜面微凹，体躯宽深，臀宽平，大腿丰满，四肢健壮，适应性较强。成年公、母猪体重分别为300~350千克和220~250千克，产仔11~12头，屠宰率为73.6%。

（7）皮特兰猪　皮特兰猪（图2-53和图2-54）产于比利时，是由法国的贝叶杂交猪与英国的巴克夏猪进行回交，然后再与英国大白猪杂交育成的，是目前在欧洲流行的瘦肉型品种。

皮特兰猪被毛呈灰白色并带有不规则的深黑色斑点，偶尔出现少量棕色毛。头部清秀，颜面平直，嘴大且直，耳中等大小、略向前倾。体躯宽深而较短，肌肉特别发达，四肢短、骨骼细，平均窝产仔猪10头左右。与其他品种猪杂交，能显著提高杂交后代的瘦肉率。据报道，90千克体重生长育肥猪胴体瘦肉率为66.9%，日增重700克，料肉比为 2.65∶1。

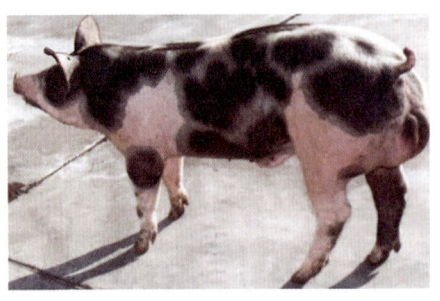
图 2-53　皮特兰猪（公）

图 2-54　皮特兰猪（母）

该猪具有肌肉发达、胴体瘦肉率高、背膘薄的特点，但繁殖力不高，后期增重较慢（商品肉猪 90 千克以后生长速度显著降低），且应激反应严重，肌肉纤维较粗，肉质较差。

第三节　猪的经济杂交

一、杂种优势及其度量方法

不同品种、品系和品群的猪进行杂交所产生的杂种后代，往往在生活力、日增重、饲料转化率等方面都超过其亲代纯繁类群的平均值，这种现象叫杂种优势。杂种优势的大小用它的相对指标杂种优势率来表示，其计算公式为：

$$杂种优势率（\%）=\frac{杂种一代某一性状平均值-双亲该性状平均值}{双亲该性状平均值}\times 100\%$$

例如：本地猪的日增重为 180.5 克，内江猪日增重为 225.1 克，巴克夏猪日增重为 258.9 克，内本猪（即内江公猪和本地母猪交配所生的杂种一代）日增重为 252.3 克，巴本猪（即巴克夏公猪与本地母猪交配所生的杂种一代）日增重为 245.2 克，内巴本猪（即巴本杂种一代母猪和内江公猪交配所生的杂种）日增重为 278.4 克，试计算内本猪、巴本猪、内巴本猪日增重的杂种优势率。

（1）内本猪日增重的杂种优势率

$$杂种优势率（\%）=\frac{252.3-\left(\dfrac{225.1+180.5}{2}\right)}{\dfrac{225.1+180.5}{2}}\times 100\%$$

$$=\frac{252.3-202.8}{202.8}\times100\%=24.4\%$$

（2）巴本猪日增重的杂种优势率

$$杂种优势率（\%）=\frac{245.2-\left(\dfrac{258.9+180.5}{2}\right)}{\dfrac{258.9+180.5}{2}}\times100\%$$

$$=\frac{245.2-219.7}{219.7}\times100\%=11.6\%$$

（3）内巴本猪日增重的杂种优势率

$$杂种优势率（\%）=\frac{278.4-\left[\dfrac{1}{2}\times225.1+\dfrac{1}{4}(258.9+180.5)\right]}{\dfrac{1}{2}\times225.1+\dfrac{1}{4}(258.9+180.5)}\times100\%$$

$$=\frac{278.4-222.4}{222.4}\times100\%=25\%$$

根据以上计算，内本猪、巴本猪、内巴本猪，哪种猪杂交效果好呢？

内巴本猪日增重的杂种优势率为25%，高于内本猪和巴本猪，说明内巴本猪日增重杂种优势好，巴本猪日增重杂种优势差。

二、杂交亲本的选择

杂交的亲本品种不同，杂交效果也不一样，这是由于不同杂交组合亲合力不同造成的。一般来说，杂交亲本的遗传差异越大，杂交效果越显著。

（1）母本品种的选择 应选择在本地区数量多、分布广、适应性强的本地品种猪作为杂交母本。这是因为这种母本适应性强，对饲料条件要求不高，猪源易解决，杂种后代容易推广。另外，应选择繁殖力强、母性好、泌乳力高的猪种作为母本，这有利于杂种仔猪的成活和生长发育，有利于降低杂种仔猪的生产成本。在不影响杂种仔猪生长速度的前提下，一般母本体形不一定太大。体形太大，浪费饲料。

（2）父本品种的选择 应选择生长速度快、胴体品质好、瘦肉率高、饲料利用能力强的猪种作为父本。具备这些性状的一般都是经过高度培育的猪种，如长白猪、大白猪、杜洛克猪、新淮猪、哈白猪、新金猪等。另外，还应选择与杂种所要求的类型相同的猪种作为父本。如果要求杂种的瘦肉率高，而且在当地饲料条件较好的情况下，可选用长白猪、大白猪、杜洛克猪作为杂交父本。如果饲料条件差,饲养管理比较粗放,选用苏白猪、哈白猪、新金猪等早熟易肥、耐粗饲的品种比较合适。至于父本的适应性和种源问题可以放在次要地位考虑,一般多用外来品种作为杂交父本。

三、杂交方式

经济杂交根据亲本品种多少和利用方法的不同,目前在我国主要采用两品种杂交、两品种轮回杂交、三品种杂交、四品种杂交和轮回杂交等方式。

(1)两品种杂交(图2-55) 又称二元杂交或单杂交,是养猪生产中以经济利用为目的,最简单、最实用、最普遍采用的一种杂交方式。它是选用两个不同品种猪分别作为杂交的父母本,只进行1次杂交,专门利用第一代杂种的杂种优势来生产商品猪。其特点是杂种一代无论公母,全部不作为种用,不再继续配种繁殖,而全部作为经济利用。例如,用长白猪与新金猪杂交所产生的子一代长×金仔猪全部育成商品猪出售。

图2-55 两品种杂交示意图

这种杂交方式简单易行,只需进行一次配合力测定即可,对提高肉猪的产肉力有显著效果。但这种杂交方法只能利用仔猪的杂种优势,不能充分利用母猪繁殖性能方面的杂种优势。因为用于繁殖的母猪都是纯种,而繁殖性能一般遗传力较低,杂种优势比较明显,不利用这方面的杂种优势是很可惜的。另外,用于更新的种猪必须是纯种猪,所以要经常维持一定数量纯种母猪群,成本较大,这对养猪生产者来说是很不利的。

(2)两品种轮回杂交(图2-56) 指先选用两个不同品种猪分别作为杂交的父母本进行杂交,然后从杂种一代母猪中选留优良个体,逐代分别与两个亲本品种的公猪进行杂交。这种方法,只要饲养两个品种的少量公猪就可以使杂种优势不断保持下去,又可以利用杂种母猪,饲养杂种母猪要比饲养纯种母猪更为经济,从而不断保持子代的杂种优势。

(3)三品种杂交(图2-57) 又称三元杂交,即先选用两个品种猪杂交,产生在繁殖性能方面具有显著杂种优势的子一代杂种母猪,再用第二个父本品种猪与其杂交,产生的后代全部作为商品猪育肥。

在杂交过程中,一般第一、第二父本利用瘦肉率高的品种,第二父本还应选择生长发育快、育肥性能好的公猪。

三品种杂交的杂种优势一般都超过两品种杂交。其优点是杂种母猪在生活力和繁殖力上本身就有杂种优势,产仔多,哺育能力强,有利于杂种仔猪的生长发育,杂种

图 2-56 两品种轮回杂交示意图　　图 2-57 三品种杂交示意图

母猪再与第二个优良父本杂交,可获得经济价值更高的三品种杂种。如内江猪 ×（巴克夏猪 × 太谷本地猪）,比巴克夏猪 × 太谷本地猪的平均日增重提高 13.5%,每千克增重需饲料量减少 3.5%。

三品种杂交的缺点是需要三个品种的纯种猪源,而且需要两次配合力测定,虽然其杂种优势高于两品种杂交,但成本较高,而且三品种杂交利用了二品种杂种一代杂种作为母本,遗传性不够稳定,易受生活条件的影响而改变,需要进行严格选择,否则杂交效果不稳定。

（4）四品种杂交　可分为两种形式。第一种形式是利用三品种杂交所得到的杂种母猪,再用另一品种的公猪进行杂交,称为四元杂交（图 2-58）。第二种形式是用四个品种的猪,首先分别进行两两杂交,从后代中选留优良的个体,再在两个杂种间进行杂交,又称为双杂交（图 2-59）。

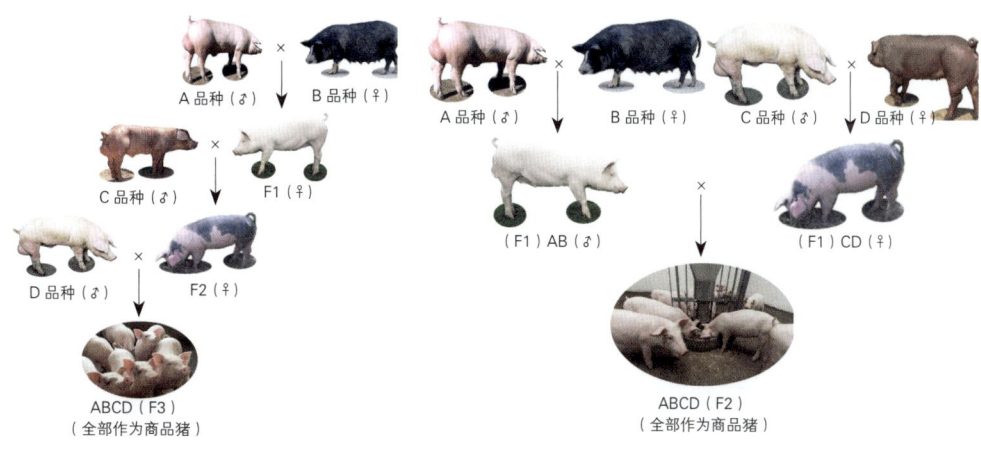

图 2-58 四元杂交示意图　　图 2-59 双杂交示意图

第三章 猪的饲料与利用

第一节 猪的消化特点与饲料的营养功能

一、猪的消化特点

要养好猪，使猪多产仔，长得快，瘦肉多，饲料转化率高，从而取得最佳经济效益，只有在了解猪的消化生理的基础上做到科学饲养，才能达到目的。

（1）猪是杂食动物，能利用的饲料种类较多　猪能广泛利用各种动、植物性饲料和其他饲料，能从精饲料、青饲料和粗饲料中获得所需的各种营养物质。

（2）猪是单胃家畜，具有较发达的消化系统　猪唾液腺发达，唾液中含有一定量的淀粉酶，可消化饲料中的一部分淀粉，这是其他家畜所不及的。猪胃腺能分泌盐酸、胃蛋白酶等消化液，对饲料蛋白质初步消化，同时为胰蛋白酶消化蛋白质创造条件。猪的小肠发达，为体长的15倍左右，能很好地消化、吸收饲料中的各种营养物质，满足猪生长发育的需要。因此，猪的饲料转化率较高。

（3）猪对粗纤维消化率低　猪对粗纤维的消化主要在盲肠和回肠中进行，在细菌的作用下，发酵产生挥发性脂肪酸，但利用率很低。因此，猪饲料中要控制粗纤维的含量，以免降低其他营养物质的消化率。

（4）猪采食量大，对饲料质量要求较高　猪的消化道容积大，特别是胃的伸缩性大，能贮存大量的食物，按单位体重计算，其采食量远远超过其他家畜，每天采食风干饲料量达3~5千克，且各种营养物质的含量要高，营养全面。

二、猪饲料中的营养成分及功能

饲料中含有猪所需要的各种营养物质，经常规化学分析得知，饲料中含有水、粗蛋白质、碳水化合物、粗脂肪、维生素和矿物质六大类营养物质，它们在猪体内相互作用，才表现出其营养价值。

1. 水

（1）水的营养作用　各种饲料与猪体内均含有水。但因饲料的种类不同，其含水量差异很大，一般植物性饲料含水量在 5%~95% 之间，在同一种植物性饲料中，由于收割期不同，其含水量也不尽相同，随其成熟而逐渐减少。

饲料中含水量的多少与其营养价值、贮存密切相关。含水量高的饲料，单位重量中含干物质较少，其中养分含量也相对减少，故其营养价值也低，且容易腐败变质，不利于贮存与运输。适于贮存的饲料，要求含水量在 14% 以下。

水是猪生长、发育、繁殖及生理机能调节不可缺少的营养素，它具有多种营养功能。

1）水对猪的采食，食糜输送，养分消化、吸收、转运、分解与合成以及排除废物上发挥作用。

2）水起溶剂作用，直接参与许多生化反应。例如，淀粉的水解反应、氧化还原反应和加水反应等。

3）水参与体温调节。由于水的热传导性使猪体内代谢累积的热量得以转运和蒸发散失。同时，猪利用水的冷却能力，通过蒸发散失潜热，这就是天热时猪喜欢待在水里的原因。此外，水又具有贮热能力，避免体温的突然变化。

除此之外，水还有特殊作用，如水可润滑关节；在耳腔内水有传声作用，水还是猪的产品如猪肉、猪乳的组成成分。

当猪缺水时，会严重影响猪的健康和生产性能。缺水初期，食欲明显减退，尤其不愿采食干饲料。随着失水增多，渴感加重，食欲减退，消化机能迟缓，抗病力降低；脂肪蛋白质分解加剧，饲料利用率低。猪在长途运输中易造成缺水，这种应激对猪极为不利。猪需要的水分主要靠饮水（或乳汁）获得；其次，饲料中的水和营养物质在体内氧化时产生的代谢水，也是水的来源之一。

（2）猪的需水量 猪的饮水量受多种因素的影响，难以准确测定。当猪喂干饲料时，其饮水量增加，若喂湿料或流食，其饮水量减少。一般以仔猪和哺乳母猪需水量最多，因为仔猪身体组成成分的 2/3 是水，而猪乳汁中大部分是水。对于吮乳仔猪在出生 1~2 天内就要饮水，在第一周，仔猪的需水量为每天每千克体重 190 克，包括从母乳中获得的水。对人工饲喂的仔猪，水料比为（2.8~4.3）∶1；对生长育肥猪，水料比为 2∶1 或（1.9~2.5）∶1；喂湿料时，水料比为（1.5~3）∶1。未配种的后备母猪，发情期采食量和饮水量均降低；未妊娠的后备猪饮水量为每天 11.5 千克；妊娠青年母猪饮水量随干物质采食量的增加而增加；妊娠母猪为每天 20 千克；经产空怀母猪为每天 10~15 千克；哺乳母猪为每天 20~25 千克。按猪体重计算，每昼夜需水量大体上是每 10 千克体重需水 0.4~1.2 千克。按饲料量计算，冬季饮水量是饲料量的 2~3 倍，春、秋季为 4 倍，夏季为 5 倍，生产中最好是自由饮水。猪的饮水要求清洁卫生，如地下水就是良好的水源，被污染的河水不宜作为猪的水源。

（3）影响猪饮水量的因素　在生产中，有许多因素影响猪对水的需要量。如气温、饲料类型、饲养水平、水的品质、猪的大小、生理状况等，都是影响猪饮水量的重要因素。

一般随着气温的升高，饮水量相应也会增加。据研究，在7~22℃条件下，猪的饮水量没有大的差异；30℃以上，猪的饮水量大幅度增加。水的温度也影响猪饮水量，在生产中，夏季适于饮用凉水，冬季以饮用温水效果较好。当饮水温度低于体温时，猪就需要额外的能量温暖水。

饲料类型明显影响猪的饮水量。如饲料中肉屑或豆饼饲料增加需水量；鱼粉等含盐高的饲料会增加猪对水的需要量；饲料中能量水平或纤维素水平也会影响需水量，采食高纤维素饲料时，因纤维素不易被消化利用而被排出体外，造成排粪量增加，而粪中排出的水分也就增加，相应造成需水量增加；饲料中能量水平高时，代谢用水增加，因此需水量增加。饲料中的蛋白质水平高，而蛋白质生物学价值低时，机体需要大量尿液来清除尿素等代谢产物，使需水量增加。饲料中矿物元素也影响水的需要，当矿物盐过多时，为了排出多余的矿物质需要较多的水加以稀释及溶解，并将其排出。

当猪腹泻时，由于粪便中水分大量损失，甚至导致脱水，也需要足够的水补偿这一损失。此外，为了提高采食速度，降低损耗，可将水拌入饲料饲喂。饲料中加水也可提高仔猪开食料的适口性。生产上喂驱虫剂、药物和口服疫苗时，也可用水作为载体喂服。

猪的大小也影响水的需要量，仔猪体内水含量高，相对需水量大；随着猪的生长，体内含水量减少，需水量减少；瘦肉型猪比脂肪型猪需水量大。

水的品质也影响猪的饮水量。水中有些物质影响适口性和饮水量。如盐水，由于浓度太高，使猪的需水量增加。此外，水中含有300毫克/千克硫酸盐可导致猪排稀便，且饮水量增加。

2. 粗蛋白质

（1）蛋白质的组成及营养作用　所谓粗蛋白质，是指饲料中含氮物质的总称，包括纯蛋白质和氨化物（非蛋白质含氮物，如尿素等）。氨化物在植物生长旺盛时期和发酵饲料中含量较多（占含氮量的30%~60%），成熟籽实含量很少（占含氮量的3%~10%）。氨化物主要包括未结合成蛋白质分子的个别氨基酸、植物体内由无机氮（硝酸盐和氨）合成蛋白质的中间产物和植物蛋白质经酶类和细菌分解后的产物。猪能消化吸收纯蛋白质，而难以吸收氨化物来合成机体蛋白质。纯蛋白质由20多种氨基酸组成，可分为两大类，一类是必需氨基酸，另一类是非必需氨基酸。所谓必需氨基酸是指在猪体内不能合成或合成的速度很慢，不能满足猪的生长和生产需要，必须由饲料供给的氨基酸。猪的必需氨基酸有10种，即赖氨酸、蛋氨酸、色氨酸、精氨酸、组氨酸、亮氨酸、异亮氨酸、苯丙氨酸、苏氨酸和缬氨酸。所谓非必需氨基酸是指在猪体内能够合成的氨基酸，如丝氨酸、丙氨酸、天冬氨酸、脯氨酸等。在猪的必需氨基酸中，赖氨酸、蛋氨酸、色氨酸在一般谷物中含量较少，它们的缺乏往往会影响其他氨基酸的利用率，因此这三种氨基酸又称为限制性氨基酸。由于氨基酸的种类、数量和组合排列方式不同，就构成了多种性质不同的蛋白质，其营养价值也就不尽相同。凡含有全部必需氨基酸且比例适当的蛋白质，其营养价值较高，如肉、蛋、奶等。凡只含有部分氨基酸的蛋白质，其营养价值较低，如玉米、马铃薯等。

猪体各种组织，如皮肤、肌肉、血液、鬃毛和蹄壳等，主要由蛋白质组成，骨骼中也含有较多的蛋白质，猪体需要不断地利用蛋白质来修补、更替和增长这些组织；各种消化液、酶类、激素和乳汁的分泌，也需要蛋白质。因此，蛋白质是构成体组织、维持代谢、生长、繁殖和抵抗疾病所必需的营养物质。

当猪体所需热能不足时，蛋白质可像碳水化合物和脂肪一样用于产生热能，而碳水化合物和脂肪却不能代替蛋白质的功能。所以蛋白质是最重要的营养素，也是猪最易缺乏的营养素。

仔猪生长发育快，而且主要是肌肉、骨和皮毛，需要蛋白质比其他各类猪都多。仔猪饲料中蛋白质不足时，增重缓慢，发育不良，容易生病，也常出现异嗜症。妊娠母猪蛋白质不足时，会影响产后泌乳，降低仔猪初生重乃至以后的生长速度。泌乳母猪蛋白质不足会严重降低泌乳量，影响仔猪发育，如喂给充足的蛋白质，能提高泌乳量20%~30%，促进仔猪发育，减少或消灭僵猪。种公猪缺乏蛋白质时，性欲低，精液品质差，会造成母猪空怀或产仔减少。猪采食过量的蛋白质时，经分解脱氨基后转化为脂肪沉积于猪体内，脱下的氨基在肝脏中形成尿素随尿排出，某些氨基酸不经脱氨也可能直接随尿排出，这对蛋白质的利用是不经济的。

（2）影响猪对粗蛋白质需要量的因素　在饲养标准中，具体规定了各类猪在不同生长发育阶段对蛋白质的需要量，但在生产实践中，还需根据具体情况进行适当调整。影响猪对蛋白质需要量的主要因素有以下几种。

1）蛋白质品质。如果饲料中动、植物蛋白质比例适当，各种氨基酸比例平衡，则蛋白质利用率高，用量也少。

2）蛋白能量比。饲料中蛋白质含量应与能量比例适当，高蛋白质含量的饲料必须和高能量相配合使用。如果饲料中蛋白质含量较高，而能量不足，就会造成蛋白质的浪费。

3）品种类型。猪的品种类型不同，对蛋白质需要量有一定差异，一般瘦肉型猪饲料中蛋白质含量要高于兼用型猪，若降低饲料中蛋白质含量，其胴体瘦肉率就会降低。

4）生理状况。幼龄生长猪需要蛋白质多，随着年龄增长，蛋白质需要量相应减少；泌乳母猪和种公猪蛋白质消耗多，因而蛋白质需要量也较多。

5）环境温度。环境温度超过一定限度（如酷暑季节），猪的采食量下降，这时应提高饲料中蛋白质含量，以弥补其不足。

6）其他因素。如饲料中维生素、矿物质不足，则应提高蛋白质含量，以改善饲料利用率。

3. 碳水化合物

碳水化合物由C、H、O三种元素所组成，其中H：O的比例为2：1，正好与水的比例相同，因此称为碳水化合物。

在植物性饲料中碳水化合物比例高，占干物质的70%~80%，主要包括无氮浸出物和粗纤维两大类。无氮浸出物包括淀粉和一些糖类。无氮浸出物含量高低，直接关系到饲料性质和营养价值，如精饲料所含碳水化合物中无氮浸出物含量高，所以其消化率很高。而粗饲料中虽有一定量的碳水化合物，但粗纤维含量高，质地粗硬，猪体对其利用能力很低，因而不能给猪喂过多的粗饲料。碳水化合物主要是供给猪体能量的，碳水化合物进入猪体后，经过一系列化学变化转变成能量，作为猪进行呼吸、循环、消化、吸收、分泌、细胞更新、神经传导、维持体温及运动等各种生命活动的能源。当猪从饲料中获取碳水化合物有剩余时，可转化为体脂肪贮存起来（即猪体呈现肥胖），作为能量贮备，留给饥饿时利用。因此，碳水化合物对猪的上膘有着重要作用。猪是蓄积体脂肪能力最强的家畜，每天都有一定量的碳水化合物在体内转化成脂肪。大量食用碳水化合物时，体内由碳水化合物转变为脂肪的量也增加。相反，当碳水化合物不足，提供的能量不能满足维持需要时，猪体就要把蓄积的脂肪分解，进而还要动用蛋白质来产生能量，以便维持生命活动。这时猪就要掉膘，表现消瘦，体重减轻，不能进行正常的生长和繁殖，严重时引起死亡。

由于碳水化合物有在猪体内转化为脂肪的特性，对瘦肉型猪来说，不宜单用过多的碳水化合物性饲料来饲喂，特别是在育肥后期，即在加快脂肪沉积的时期，要适当控制含碳水化合物的精饲料喂量，防止猪体过肥。

4. 粗脂肪

在饲料分析中，凡是能够用乙醚浸出的物质统称为粗脂肪，包括真脂和类脂（如固醇、磷脂等）。脂肪和碳水化合物一样，在猪体内分解后产生热量，用以维持体温和供给体内各器官运动时所需要的能量；脂肪是体细胞的组成成分，也是脂溶性维生素的携带者，脂溶性维生素A、维生素D、维生素E、维生素K必须以脂肪作为溶剂在体内运输，若饲料中缺乏脂肪，则影响这一类维生素的吸收和利用。另外，脂肪酸中的亚油酸、亚麻酸及花生四烯酸对仔猪的生长发育起重要作用，称为必需脂肪酸，它们必须由饲料中的脂肪提供，缺乏时，将导致仔猪被毛脱落、皮炎等，严重时生长发育受阻甚至死亡。在一般情况下，猪的饲料多由谷物籽实和饼粕类组成，不用加脂肪即可满足猪的需要。但试验证明，在生长育肥猪饲料中添加适量脂肪，可促进生长，改善饲料利用率。

5. 维生素

维生素是维持动物正常生理机能所必需的低分子有机化合物。它不能氧化供能，但它是某些酶的重要组成成分参与酶的活动，对生理生化反应起控制作用。猪对维生素的需要虽然微量，常以国际单位或毫克计算，但作用很大。如果缺乏某一种维生素，将导致相应缺乏症的产生，新陈代谢紊乱，生长受阻，繁殖机能受影响。维生素在猪体内合成有限或不能合成，饲料中一定要保证供应。

猪所需要的维生素有多种，可分为脂溶性维生素和水溶性维生素两大类。脂溶性维生素主要包括维生素 A、维生素 D、维生素 E、维生素 K，它们只能溶解在脂肪中才能被吸收利用；水溶性维生素主要包括 B 族维生素和维生素 C，它们能溶于水。

（1）维生素 A　它的主要功能是促进仔猪的生长发育，保护消化道、呼吸道和生殖道黏膜的健康，增强对疾病的抵抗力和繁殖机能。仔猪缺乏维生素 A，生长发育缓慢，患夜盲症、眼干燥症、肺炎、腹泻和四肢麻痹；母猪缺乏维生素 A 容易发情异常，易引起流产，死胎、产失明、兔唇等畸形仔猪。

维生素 A 只存在于动物性饲料中，以鱼肝油含维生素 A 最丰富，在植物性饲料中只含有维生素 A 原——胡萝卜素，以胡萝卜和青饲料中含量较多，谷物及其副产品中只有黄玉米中含有少量的胡萝卜素（玉米黄素）。胡萝卜素在猪体内可转化为维生素 A，为保证维生素 A 的供应，饲料中适当配合动物性饲料如鱼粉等，并且长年不断青饲料或补充维生素 A 添加剂。

（2）维生素 D　又称抗佝偻病维生素，其主要功能是促进肠道对钙、磷的吸收，以利于骨骼的发育。维生素 D 缺乏时，仔猪骨骼生长不良，易发生佝偻病；母猪会发生产死胎、弱仔、泌乳后期瘫痪等现象。牧草中含有麦角固醇，在阳光（紫外线）照射下，可转化为维生素 D_2，因此优质草粉是维生素 D 的良好来源。皮肤中的 7- 脱氢胆固醇在阳光（紫外线）作用下，可转化为维生素 D_3。如果阳光充足，猪每天在阳光下活动 45~60 分钟，就不会缺乏维生素 D。在常年密闭饲养不见阳光的条件下，猪饲料中必须添加维生素 D。

（3）维生素 E　又称抗生育酚，它是维持猪的正常繁殖机能所必需的，对保护心肌及其他肌肉的健康有良好作用。另外，维生素 E 还是一种抗氧化剂和代谢调节剂，对消化道和身体组织中的维生素A有保护作用。维生素E缺乏时，仔猪易发生白肌病、心肌萎缩；公猪性欲降低，精液量减少，精子活力差；母猪易出现不孕、流产或产死胎，向母猪饲料中添加维生素E能减少胚胎死亡，增加产仔数。

维生素E与硒有协同作用，因此维生素E的需要量受硒的影响。维生素E的营养作用需要充足的硒才能很好地发挥。维生素E的需要量还与多种不饱和脂肪酸、维生素A、维生素C有关。当猪摄食大量的不饱和脂肪酸和维生素A、维生素C时，也需要加大维生素E的添加量。

一般青饲料、优质青干草和谷类的种胚中都含有丰富的维生素E。在冬季圈养的猪，饲料种类往往比较单一，品质较差，要注意补给维生素E。特别是种公猪，必要时可喂给芽类饲料（如大麦芽、玉米芽等）。

（4）维生素K　维生素K主要起凝血作用，可防止因猪体受伤引起的流血不止，还可防止由新陈代谢障碍而引起的贫血症。

维生素K广泛存在于各种植物性饲料中，特别是青绿饲料中，成年猪肠道内微生物也能合成，因此猪一般不会缺乏。由于哺乳仔猪肠道内微生物很少，不能合成足够的维生素K，要注意在饲料中补充。猪饲喂发霉变质的饲料或饲料中添加抗菌药物时，抑制了肠道微生物的繁殖，要注意防止维生素K的缺乏。

（5）维生素B_1　又称硫胺素，其主要功能是参与碳水化合物的代谢，有助于胃肠道的消化，维持心脏和神经系统功能正常。缺乏维生素B_1时，猪所需求的能量供应不足，丙酮酸在血液中积累，造成神经系统、血液循环和消化系统机能障碍，常表现食欲缺乏，消化机能紊乱，母猪产畸形仔猪数增多；仔猪生活力受影响，严重时可导致死亡。

猪对维生素B_1的需要量受多方面因素的影响。首先，脂肪有节省维生素B_1的作用。当猪饲料中脂肪水平较高时，猪对维生素B_1的需要量减少。当外界温度升高时，猪对维生素B_1的需要量上升，这可能是因为猪的采食量下降。此外，维生素B_1的需要量还受猪的生理状况、疾病和营养的影响。

维生素B_1在米糠、麸皮等籽实加工副产品中广泛存在，豆类饲料、青饲料中含量较丰富，同时猪体内能大量贮存，因此猪一般不会缺乏维生素B_1。

（6）维生素B_2　又称核黄素，它参与蛋白质、脂肪和碳水化合物的代谢，若饲料中含量适当，可提高饲料利用率。维生素B_2缺乏时，仔猪食欲缺乏，生长缓慢，皮炎，腹泻；母猪常产死胎、弱仔，也有时产无毛仔猪。

以玉米、高粱、豆饼为基础的饲料中维生素B_2含量不足，需要补充。各种青饲料、优质草粉、酒糟、豆饼、酵母等含维生素B_2较多。饲料发酵可提高维生素B_2的含量。

（7）维生素 B_5　又称泛酸，参与蛋白质、脂肪和碳水化合物的代谢，提供猪生命活动所需的能量。生长发育的猪缺乏维生素 B_5 时，导致食欲下降、生长缓慢，眼泪多、眼圈有深褐色渗出液，鼻液多、咳嗽，腹泻，溃疡性结肠炎，贫血，被毛粗糙，脱毛，免疫反应降低，后肢运步异常、走鹅步，失去吮乳反射和舌的控制。当母猪缺乏维生素 B_5 时，采食量、饮水量下降，腹泻、走鹅步，配种后出现"假妊娠现象"或者不怀胎，或怀胎不产仔，也有胃炎、小肠黏膜炎等症状。维生素 B_5 广泛存在于各种植物性饲料中，在生喂的情况下，一般不会缺乏。

（8）烟酸　又称尼克酸、维生素 PP，参与体内碳水化合物的代谢，能促进仔猪的生长。成年猪可将饲料中多余的色氨酸转化为烟酸，一般不会缺乏。生长发育猪可出现烟酸缺乏症，表现为食欲减退，生长迟缓，被毛粗糙，皮肤干燥、发炎、结痂，俗称"癞皮病"。

（9）维生素 B_6　又称吡哆素，以吡哆醇、吡哆胺、磷酸吡哆醛的形式存在于饲料和动物体内，而且它们之间可以相互转化，常见的维生素 B_6 商业制剂是吡哆醇盐酸盐。维生素 B_6 的作用主要是作为氨基移换酶及脱羧酶的组成成分，参与体内含硫氨基酸和色氨酸的代谢。此外还参与碳水化合物、脂肪和无机盐的代谢。当猪缺乏维生素 B_6 时，最常见的症状是神经系统的病变，从而引起肌肉运动失调，步态痉挛，类似癫痫发作。还会发生以耳朵、脚、尾等末梢部位出现癞皮病为特征的"肢端病"及皮下水肿、脱毛、后肢麻痹。猪的食欲不佳，生长不良，被毛粗糙，眼周围有褐色分泌物及眼泪，视力减退，直至失明，缺乏维生素 B_6 的青年母猪所产仔猪在 3 周龄时发生类癫痫性发作。

维生素 B_6 主要存在于酵母、糠麸及植物性蛋白质饲料中，动物性饲料及根茎类饲料中相对贫乏，籽实饲料中每千克含 3 毫克左右。猪对维生素 B_6 的需要量受多种因素的影响，如猪在应激状态下需要较多的维生素 B_6；当饲料中脂肪含量较高时，仔猪对维生素 B_6 的需要量减少。

（10）生物素　又称维生素 B_7 或维生素 H，是一种辅酶，参与脂肪和蛋白质的代谢，有助于不饱和脂肪酸的合成，促进胚胎发育和仔猪生长。当猪缺乏生物素时，会出现脱毛症，皮肤溃烂，皮炎，眼周围有渗出液，嘴黏膜炎症，蹄横裂，脚垫裂缝并出血。但在一般情况下，饲料中的生物素能满足猪的需要。但当仔猪和公猪饲料中加入大量的生鸡蛋清时，由于生鸡蛋含有抗生物素蛋白，能在肠道里与生物素结合使生物素失活，从而加重猪的生物素缺乏症。当给猪喂磺胺类药物时，由于药物使肠道中微生物的生物素合成受阻，引发生物素缺乏症。

（11）叶酸　又称维生素 B_9，参与核酸合成，促进红细胞和白细胞的成熟。猪缺少叶酸时产生贫血，繁殖和泌乳紊乱，体质瘦弱，食欲减退，生长缓慢。叶酸缺乏后，免疫球蛋白合成受阻，增加了猪对感染的敏感性。饲料中添加 1%~2% 磺胺类药物，会减少肠道微生物的叶酸合成，从而引起叶酸缺乏。一般由于猪肠道内能合成相当数量的可利用叶酸，因而不会缺乏，不需要特别添加，但当饲料中存在叶酸的拮抗物或磺胺类药物时，应增加叶酸的喂量。

（12）维生素 B_{12}　维生素 B_{12} 具有许多重要生理功能，它以辅酶形式参与动物体内的多种代谢过程，是猪正常生长和繁殖所必需的。缺少维生素 B_{12} 时，仔猪表现食欲缺乏，生长缓慢，贫血，皮炎，运动失调；母猪虽不显示任何临床症状，但产仔少，活力差，育成率低。

（13）胆碱　卵磷脂、乙酰胆碱的组成成分，参与蛋白质、脂肪的代谢和神经冲动的传导。猪缺少胆碱时，首先表现生长缓慢，被毛粗糙，腿短，肚子大，行为不协调，肩关节等硬度丧失；母猪缺乏胆碱影响繁殖性能，泌乳量下降，仔猪成活率低，断奶时体重小；有的仔猪出现脂肪肝，后腿劈叉，出现坐姿。

猪对胆碱的需要量受许多因素影响。胆碱可被蛋氨酸完全替代。当蛋氨酸过剩就会补充胆碱的不足，如果饲料中胆碱水平不够，蛋氨酸就用以胆碱的合成。此外，还受维生素 B_{12}、叶酸、营养水平的影响。对于母猪，饲料中加入胆碱，可提高受胎率、窝产仔数、产活仔数及断奶仔猪数，并可提高生长猪的增重和饲料利用率。

（14）维生素 C　又称抗坏血酸维生素，其作用是促进肠道内铁的吸收，增强猪的免疫力，缓解猪的应激反应。当猪缺乏维生素 C 时，一般表现贫血，坏血病，齿龈肿胀、出血、溃疡，生产力下降。由于猪体内能合成维生素 C，一般不会缺乏，但在高温应激状态下，应补加维生素 C。

6. 矿物质

矿物质是构成动物骨骼、皮毛、肌肉、血液等组织不可缺少的成分，对动物的生长发育、生理功能及繁殖系统具有重要作用。目前自然界存在的百余种元素中有 26 种被认为是动物所必需的。其中有 11 种是常量元素（占体内元素的 0.01% 以上），即碳、氢、氧、氮、硫、钙、磷、钾、钠、氯和镁；有 15 种是微量元素（占体内元素的 0.01% 以下），即铁、锌、铜、碘、锰、镍、钴、钼、硒、铬、氟、锡、硅、钒和砷。在必需的矿物质中，猪饲料中有 10 种容易缺乏，它们是钙、磷、钠、氯、铁、锌、铜、碘、硒和钴。饲料中如果有充足的维生素 B_{12}，则钴元素不必需，其余几种元素可以从饲料中获得。随着工厂化封闭式饲养方式的出现，满足猪对矿物质的需要更显突出。但营养上必需的微量元素如果摄入过量，也可发生中毒。当某些必需矿物质不足时，常产生的临床症状有食欲缺乏、生活力下降、发育停滞、饲料利用率下降、软骨症、骨质疏松、肋骨上有串珠、关节变形、后躯麻痹、甲状腺肿大、萎靡不振、初生仔猪无毛等现象。

（1）钙、磷　钙、磷是猪体内含量最多的矿物质元素，约占体内矿物质总量的70%。它们主要以结合态形式存在于骨骼和牙齿中，少量在软组织和体液中。生长猪缺乏钙、磷时，骨骼发育不良，生长缓慢；肉猪育肥后期严重缺钙时，常因骨盆或股骨折损而瘫痪；妊娠猪缺乏钙、磷会产下畸形或低生活力仔猪；泌乳母猪钙、磷不足时，泌乳量降低，严重者常于泌乳后期患骨质疏松症而瘫痪；种公猪缺乏钙、磷时，精子发育不正常。

猪对饲料中钙、磷的吸收必须具备两个基本条件：第一，钙、磷之间的比例适当，一般以 1∶（1~1.5）为宜；第二，有充足的维生素 D 存在，因为维生素 D 能促进钙、磷的吸收。此外，饲料中应避免含有过多的脂肪、蛋白质、草酸和硅酸盐，这些物质过多会妨碍钙、磷吸收。

通常豆科植物性饲料钙含量较高，谷实类饲料和糠麸中含钙量低。糠麸中含磷较多，但其中 55%~75% 是植酸磷，不能被猪有效利用，实际利用率只有 1/3~1/2。因此，以粮饼和糠麸为主的饲料，一般都不能满足猪对钙、磷的需要，需要补充贝粉、骨粉、石粉等。但须注意，钙、磷的补充不能过量，饲料中含钙量过高，会影响其他营养成分的吸收，特别是妨碍锌的吸收，而导致猪皮肤出现不全角化症。

在生产中，一般以精饲料为主的猪饲料中，最好补加一些既含磷又含钙的骨粉或磷酸氢钙，补喂量可按配合饲料量的 2% 搭配。

（2）钠、氯　这两种元素在猪体内是不能缺少的，它们主要存在于细胞外液中，对维持渗透压的恒定、体细胞的兴奋性和神经冲动的传递起着非常重要的作用；氯是胃液中盐酸的组成成分，有助于蛋白质的初步消化。饲料中的钠、氯元素主要由食盐提供，食盐还能提高猪的食欲，刺激唾液腺的分泌。如果饲料中钠、氯供应不足，猪皮毛粗糙，生长缓慢，产生异嗜症，舔食污水、尿液等，易感染疾病。在猪饲料中钠、氯的含量有限，一定要在饲料中添加食盐才能满足猪的需要。

食盐的用量，以占风干饲料比例计算，一般占 0.3%~0.5% 为宜。若食盐供给量过多，易造成猪食盐中毒。

（3）铁、铜、钴　它们都参与体内的造血过程。铁是血红蛋白的重要组成成分，铜、钴能刺激造血，缺乏铁、铜、钴都会导致营养性贫血。

（4）硒、锌、锰、碘　硒是一种有毒物质，但它是猪不可缺少且易缺乏的微量元素。饲料中缺硒，会影响猪的繁殖机能，生长发育猪出现肝坏死，仔猪患白肌病。在我国东北和西北部分缺硒地区，要注意饲料中硒的添加。

锌参与碳水化合物代谢，与猪的繁殖机能密切相关，能影响精子的形成。哺乳仔猪对缺锌较敏感，可产生皮肤角化不全症、腹泻、营养不良、生长缓慢等现象。

锰参与猪的繁殖机能和维持骨骼正常发育。缺锰时，仔猪骨质疏松，可导致变形；母猪发情异常，受胎率低；妊娠母猪流产多、弱胎、死胎数增多。成年猪对缺锰具有一定耐受性，且植物性饲料中锰含量能满足猪的需要，一般不至于缺乏。

碘是甲状腺素的重要成分，参与所有物质的代谢，对猪的生长、繁殖具有重要的调节作用。成年猪对碘有耐受性，不易表现缺乏，缺碘主要影响胎儿的发育和仔猪的生长；妊娠母猪流产，死胎和弱胎数增加；仔猪生长缓慢，饲料转化率低。缺碘是地区性的，在内陆和高海拔地区容易出现缺碘，可采用碘盐补足猪的需要。

7. 能量

饲料中的蛋白质、脂肪和碳水化合物都含有能量。营养学中所采用的能量单位是热化学上的"卡"，在生产中为了方便起见，已改用"千焦""兆焦"作为能量单位 [1 千卡（大卡）=1000 卡，1 兆卡 =1000 千卡，1 千卡 =4.184 千焦，1 兆焦 =1000 千焦]。

猪的一切生理活动，如呼吸、循环、吸收、排泄、繁殖和体温调节等都需要能量，而能量来源主要是饲料中的碳水化合物、脂肪和蛋白质等营养物质。其中脂肪的能值为 39.30 兆焦 / 千克，蛋白质为 23.62 兆焦 / 千克，碳水化合物为 17.35 兆焦 / 千克。饲料中各种营养物质的热能总值称为饲料总能，饲料中的营养物质在猪的消化道内不能全部被消化吸收，不能消化的物质随粪便排出，如粗纤维、少量蛋白质等，因而粪便中也含有能量，食入饲料的总能量减去粪便中的能量（粪能），才是被猪消化吸收的能量，这种能量称为消化能。食物在肠道消化时还会产生以甲烷为主的气体，被吸收的养分有些也不能被利用而以尿中的各种形式排出体外，这些气体和尿中排出的能量未被猪体利用，饲料消化能减去尿能和气体能，余者便是代谢能。代谢能去掉体增热消耗，最后剩余的部分是净能，其分为维持净能和生产净能，主要用于基础代谢和生产畜产品。在猪饲养标准中，能量需要多以消化能表示，当然有时也用代谢能。能量在猪体内转化过程如图 3-1 所示。

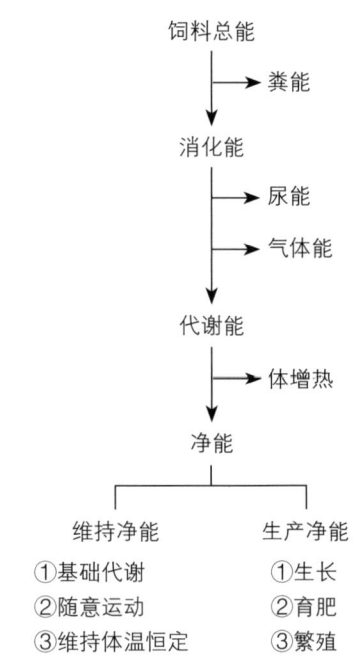

其中： 消化能 = 总能 – 粪能
代谢能 = 总能 – 粪能 – 尿能 – 气体能
净能 = 代谢能 – 体增热

图 3-1 能量在猪体内转化过程

第二节 猪的常用饲料及特点

一、能量饲料

饲料中的有机物都含有能量,而这里的能量饲料是指那些富含碳水化合物和脂肪的饲料,在干物质中粗纤维含量在18%以下,粗蛋白质含量在20%以下,包括谷实类、块根块茎类、糠麸类、糟渣类及油脂类等。这类饲料的消化率高,含能量高,但蛋白质含量少,特别是缺乏赖氨酸和蛋氨酸。因此这类饲料必须与蛋白质饲料等配合饲用。

(1)玉米 玉米(图3-2)含能量高、粗纤维少,适口性好,黄玉米中还含有较多的胡萝卜素(玉米黄素),而且价格便宜,素有饲料之王的美称。但粗蛋白质含量低,品质差,还含有较多的脂肪,如大量用作育肥猪饲料,会使猪的脂肪变软,影响肉的品质。因此,饲料中玉米的含量最好不要超过50%~60%。

(2)大麦 大麦(图3-3)是猪很好的能量饲料,消化能含量略低于玉米,粗纤维含量比玉米略高,但蛋白质含量较高,而且脂肪含量低,质地好,是喂育肥猪的良好饲料,特别是瘦肉型猪,可提高猪肉品质。但大麦皮厚且硬,含粗纤维较多,故在饲料中最好不要超过30%,幼龄仔猪不宜超过10%。

(3)高粱 高粱(图3-4)营养价值略低于玉米、大麦,籽实中含有单宁,适口性差,易使猪发生便秘,不宜用作妊娠母猪饲料。高粱糖化后喂猪可提高适口性和利用率。在高粱产区,可在猪饲料中代替1/3~1/2的玉米。

图3-2 玉米

图3-3 大麦

图3-4 高粱

(4)稻谷 我国南方水稻产区常用稻谷(图3-5)作为猪饲料。带壳粉碎的稻谷粗纤维含量较高,影响了饲用价值。如果加工成砻糠和糙米,糙米营养价值与玉米相当,且脂肪品质良好。

(5)麸皮 麸皮(图3-6)是大麦和小麦加工的副产品,常用的有小麦麸和大麦麸,营养价值与加工精度有关,一般粗蛋白质含量为14%左右,适口性好。麸皮具有轻泻作用,用于妊娠母猪的饲料,可防止便秘。

图 3-5 稻谷

图 3-6 麸皮

（6）米糠　南方水稻产区重要的精料之一，米的加工精度越高，米糠营养价值越高。新鲜米糠适口性好。粗蛋白质含量为 12% 左右，脂肪含量高，不耐贮存，在猪饲料中不宜超过 25%。

（7）高粱糠　粗蛋白质含量为 10% 左右，粗纤维含量高（7%~24%），并含有大量单宁，适口性差，猪吃多了容易便秘，饲用价值大体为玉米的一半。在种猪饲料中可占 25%~50%，但必须补充蛋白质饲料和青饲料。在仔猪饲料中加入 5%，肉猪饲料加入 10% 高粱糠，能防止或减轻腹泻。

（8）甘薯（山芋）　甘薯（图 3-7）是我国广泛栽培、产量最高的薯类作物，尤其适合喂猪，生喂、熟喂消化率均较高，饲用价值接近于玉米。

（9）马铃薯（土豆）　马铃薯（图 3-8）含有相当高的淀粉，干物质中能量超过玉米。马铃薯中含有茄碱，特别是发芽的马铃薯中其含量很高，能使猪中毒，一定要用新鲜的马铃薯饲喂。将马铃薯煮熟饲喂，可大大提高消化率。

（10）糟渣类　主要有酒糟（图 3-9）、醋糟、酱油糟、豆腐渣、粉渣等，营养价值的高低与原料有关。原料经加工后，能量中等，但干物质中蛋白质含量丰富。由于这类饲料中都含有某种影响猪生长发育的物质，在饲料中应控制饲喂量。如酒糟中含有较多的酒精，喂量过多使猪醉酒，甚至造成酒精中毒；醋糟中含有醋，酱油糟中食盐含量达 7%，豆渣、粉渣中含有大豆等原来有的不良因子，使用时都要加以注意。饲用量一般只能占饲料干物质的 10%~20%。

图 3-7 甘薯

图 3-8 马铃薯

图 3-9 酒糟

二、蛋白质饲料

蛋白质饲料是指饲料中粗蛋白质含量在 20% 以上的一类饲料。该类饲料的特点是粗蛋白质含量丰富，当与其他饲料配合使用时，能用多余部分的蛋白质去弥补其他饲料中蛋白质的不足，提高饲料利用率。猪常用的蛋白质饲料主要有两大类，即植物性蛋白质饲料和动物性蛋白质饲料。

1. 植物性蛋白质饲料

植物性蛋白质饲料是提供猪蛋白质营养最多的饲料，主要有豆料籽实和饼粕类。

（1）大豆　大豆（图 3-10）是营养价值很高的蛋白质饲料，粗蛋白质含量可达 37%，由于含有较多的脂肪，故消化能含量高，但以大豆喂育肥猪常会影响猪体脂肪品质。另外，大豆中含有抗胰蛋白酶等不良因子，影响胰蛋白酶消化饲料蛋白质的能力，一定要将其煮熟或炒熟后饲喂。

（2）蚕豆、豌豆　蚕豆粗蛋白质含量为 24.9%，豌豆粗蛋白质含量为 22.6%，它们的最大特点是脂肪品质好，特别适于喂育肥猪，可提高猪胴体品质。

（3）豆饼（粕）　豆饼（粕）（图 3-11）是目前使用最广泛、饲用价值最高的植物性蛋白质饲料，蛋白质含量高，一般压榨法可达 40% 左右，浸提法可达 45% 以上，且能量饲料中普遍缺乏的赖氨酸含量高，常在 2.38% 左右。钙、磷含量不多，胡萝卜素和维生素 D 含量少，含烟酸较多，维生素 B_1 含量与禾谷类饲料相近。蛋氨酸含量较少。

（4）棉籽饼（粕）　棉籽饼（粕）（图 3-12）粗蛋白质含量为 35%~42%，含 B 族维生素和维生素 E 较丰富。其突出缺点是蛋白质中赖氨酸含量少，仅相当于豆饼（粕）的 60%。由于棉籽饼（粕）中含有游离棉籽酚，喂猪后易发生积累性中毒，加之其粗纤维含量高，因而在猪饲料中要限制使用。不去毒时，饲料中含量以不超过 5% 为宜。

图 3-10　大豆（黄豆）

图 3-11　豆饼

图 3-12　棉籽饼

（5）菜籽饼（粕）　菜籽饼（粕）（图 3-13）粗蛋白质含量为 35%~40%，蛋白质中氨基酸比较完全，可代替部分豆饼喂猪。由于含有毒物质（芥子苷），喂前宜采取脱毒措施，未经脱毒处理的菜籽饼要严格控制喂量，在饲料中一般不超过7%，妊娠后期母猪和泌乳母猪不宜饲用。

(6) 花生饼（粕） 花生饼（粕）（图3-14）粗蛋白质含量为40%左右，适口性好，有甜香味，是猪优良的蛋白质饲料。但花生饼（粕）脂肪含量高，不耐贮存，易产生黄曲霉毒素，限制了其在猪饲料中的使用量。发霉变质的花生饼（粕）绝不能作为猪饲料。

图3-13 菜籽粕　　　　　图3-14 花生饼

(7) 葵花籽饼（粕） 可分为脱壳和带壳两种。脱壳葵花籽饼（粕）的蛋白质含量高于带壳的，含36%左右，而带壳的是25%左右，其中蛋氨酸含量较高。缺点是赖氨酸含量低，而且带壳的粗纤维在20%以上，所以饲用价值较低，仅能少量使用。

(8) 胡麻饼（粕） 粗蛋白质含量在35%左右，但赖氨酸含量低，宜与豆饼（粕）一起饲用。

其他饼粕类蛋白质饲料尚有芝麻饼（粕）、蓖麻饼（粕）等，都可为猪提供蛋白质。

2. 动物性蛋白质饲料

动物性蛋白质饲料主要有鱼粉、肉粉和肉骨粉、血粉、蚕蛹和蚕蛹粉、羽毛粉、酵母等，其共同特点是蛋白质含量高，品质好，不含粗纤维，维生素、矿物质含量丰富，是猪的优良蛋白质饲料。在仔猪饲料中添加一定量的鱼粉可促进其生长发育，种公猪饲料中添加2%~3%的鱼粉可提高精液品质，促进公猪性欲。

(1) 鱼粉 鱼粉（图3-15）是最佳的蛋白质饲料，其蛋白质含量高达62%~65%，必需氨基酸含量多，且配比合理，维生素含量丰富，矿物质含量也较全面，钙、磷比例适当。在猪饲料中使用鱼粉，可明显提高其生产性能，猪的日增重可提高15%~25%。但是鱼粉价格昂贵，而且目前市场上的假秘鲁鱼粉多，所以许多猪场多用豆饼（粕）代替饲料中的秘鲁鱼粉。

(2) 肉粉和肉骨粉 肉粉和肉骨粉（图3-16）是经卫生检验不适合人类食用的肉

品或肉品加工副产品，经高温高压或煮沸处理，并经脱脂、脱水干燥制成的粉状物。通常含骨量小于10%的叫肉粉，而高于10%的叫肉骨粉。

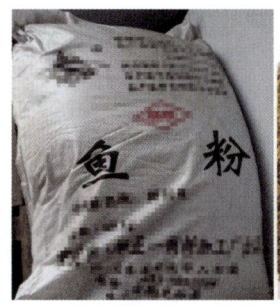

图3-15　鱼粉　　　　　　　　　　　　图3-16　肉骨粉

肉粉粗蛋白质含量为50%~60%，肉骨粉则因其肉骨比例不同而蛋白质含量也有差异，一般在40%~50%。肉粉与肉骨粉最好和植物性蛋白质饲料搭配使用，喂量占饲料的3%~10%。

（3）血粉　血粉是屠宰家畜时所得的血液，经喷雾干燥制成的粉末，粗蛋白质含量为82.8%，是高蛋白质饲料，含有多种必需氨基酸。血粉适口性差，且蛋白质消化率低，猪饲料中一般不超过5%。

（4）蚕蛹和蚕蛹粉　缫丝工业副产品，富含脂肪，不易贮存，且影响肉脂品质。因此宜提取脂肪后制成蚕蛹粉再作为饲料，耐贮存，又能提高利用效果，其蛋白质含量近80%，富含各种氨基酸，与饼粕类配合使用可提高增重。

（5）羽毛粉　羽毛粉水解后粗蛋白质含量达77.9%，比鱼粉还要高，是良好的蛋白质饲料。羽毛粉含角蛋白多，必须经过水解才能喂猪，但水解的成本高，少量使用还可以。

（6）酵母　酵母是介于动物性蛋白质与植物性蛋白质之间的一种蛋白质饲料。它的蛋白质含量也介于二者之间，为52.4%。酵母有苦味，适口性较差，宜控制喂量，以免猪厌食，影响生长和增重。用量在2%~3%，不超过5%为宜。

除此之外，还有一些蛋白质含量较高的豆科牧草、单细胞蛋白质饲料，也是猪较好的蛋白质补充饲料，特别是豆科牧草，既能提供蛋白质，又能起到青饲料的作用，对母猪成长尤为重要。

3. 提高饲料中的蛋白质利用率的有效方法

为了提高饲料蛋白质的利用率，首先应注意饲料的组成，尤其是粗纤维含量会影响猪对蛋白质的消化吸收。因为当饲料中粗纤维过多会加快食糜通过消化道的速度，降低蛋白质的消化率。如果粗纤维含量增加1个百分点，蛋白质消化率就会降低

1.0~1.5个百分点，而饲料中含有适量的蛋白质则能提高饲料的消化率。因此，猪饲料中应少加粗饲料，并且增加蛋白质的含量。

提高蛋白质的利用率，还要注意饲料中能量的高低。因为当能量满足猪的需要时，蛋白质才能作为氮源满足猪的需要。当能量不足时，蛋白质首先被迫提供能量，其余才作为氮源，这就大大降低了蛋白质的利用率。因此，在喂猪时应首先满足其能量需要，然后在此基础上，增加蛋白质的饲喂量，才能增加蛋白质的沉积。

饲料中蛋白质的数量、种类以及蛋白质中各种氨基酸的配比也影响蛋白质的利用。饲料中蛋白质品质好，数量适宜，蛋白质利用率就高；当喂量过多，蛋白质利用率反而降低。因为猪体合成蛋白质的程度是有限的，蛋白质过多时，多余的蛋白质不能用于氮的需要，只能作为能源。食入的蛋白质，其中含有的各种必需氨基酸也必须搭配齐全。猪体内合成蛋白质需要10种必需氨基酸，其中任何一种缺乏都会影响蛋白质的利用。因此，提倡各种饲料搭配使用，因为不同饲料中含有的必需氨基酸不同，蛋白质种类不同，可以起到互补作用，从而使饲料蛋白质的利用率提高。

此外，调制饲料的方法也是影响蛋白质利用率的问题之一。同一种饲料进行打浆、碾碎、发酵、青贮等不同加工后，饲料的适口性增强，消化率提高。另外，某些饲料如大豆经加热处理后，能破坏生大豆中的抗胰蛋白酶，蛋白质的利用率也会提高。为了提高蛋白质的利用率，还可进行抗氧化处理。

当然，提高蛋白质利用率还要注意饲料中营养的全价性、氨基酸的平衡性。因此，在饲料中应补加少量人工合成的赖氨酸、蛋氨酸，以及各种常、微量矿物质及维生素。

三、青饲料

青饲料是指含水量在60%以上的新鲜植物性饲料。该类饲料含水量多，干物质中粗蛋白质量多、质量好，维生素、矿物质含量丰富，粗纤维含量低，无氮浸出物含量丰富，各种营养物质易被消化吸收，对猪具有一定的促生长作用。在某些情况下，青饲料中所含维生素即可满足猪的需要，无须另外补充。

猪常用的青饲料种类很多，主要有牧草、蔬菜、根茎、瓜类、鲜树叶和水生饲料。

（1）牧草　包括天然牧草和人工栽培牧草，常见的有禾本科牧草和豆科牧草。禾本科牧草主要有青割玉米（图3-17）、青割高粱、苏丹草、黑麦草等。豆科牧草主要有苜蓿（图3-18）、紫云英、三叶草、苕子、大豆苗、蚕豆苗等，豆科牧草粗蛋白质含量高，常达15%~20%，质地柔软，适口性好，是猪很好的蛋白质补充饲料，使用得当，可减少蛋白质饲料的用量，降低饲料成本。其他科的牧草如聚合草、荞麦等也是猪良好的青饲料。

图 3-17　青割玉米　　　　　　图 3-18　苜蓿

（2）蔬菜　蔬菜也可用作猪的饲料，常用的主要有苦荬菜（图 3-19）、甘蓝、牛皮菜、甜菜（图 3-20）、苋菜等。该类饲料在饲用时要防止焖制，以免产生亚硝酸盐使猪中毒。

（3）根茎、瓜类　该类饲料含糖分较多，常带有甜味，适口性特别好，猪很爱采食。该类饲料中的典型代表是胡萝卜（图 3-21），它是营养价值很高的青饲料，能补充冬、春季青饲料供应不足。其他如菊芋、芜菁、南瓜等，都是品质优良的青饲料。

图 3-19　苦荬菜　　　　　图 3-20　甜菜　　　　　图 3-21　胡萝卜

（4）鲜树叶　优质的树叶也是喂猪的好饲料，既可用作青饲料，也能提供一定量的能量、蛋白质和其他营养物质，同时某些树叶中还含有某种促进生长的未知因子，可作为饲料添加剂，如松针粉等。常用于喂猪的树叶种类有桑、槐、榆、杨、柳和某些水果树叶。在使用时注意有的树叶中含有单宁，适口性差。在饲料中使用量常在 10%~20%。

（5）水生饲料　主要有水浮莲、水花生和绿萍。该类饲料含水量常在 90% 以上，干物质含量很少，能量低，生喂时猪易感染寄生虫，不宜大量用以喂猪。

四、粗饲料

粗饲料是指饲料中粗纤维含量超过 18%、可利用能量很低的饲料。其共同特点是粗纤维含量高，粗蛋白质含量在 6% 以下，品质差，消化能含量低，粗灰分含量高，但利用率较低。因此，在仔猪、生长育肥猪饲料中要严格控制该类饲料的含量，以免影响饲料的消化吸收，降低饲料利用率。

猪常用的粗饲料有青干草和秸秆秕壳类。

（1）青干草　牧草未成熟前收割下来通过人工晒制而成的饲料，该类饲料维生素D含量丰富，其他营养物质含量与收获时期和原料品种有很大关系。以豆科牧草为原料晒制的青干草蛋白质含量较高，质地柔软，是良好的蛋白质补充饲料，适于盛花期前收割晒制。禾本科牧草是晒制青干草的好原料，晒制时营养物质损失少，较易成功。

（2）秸秆秕壳类　这类饲料是作物籽实收获后留下的副产品，包括整株的秸秆和籽实的外壳、瘪子等，粗纤维含量特别高，达30%~45%，消化能特别低，质地粗硬，适口性差。主要有麦草、稻草、玉米秸、豆荚等。这类饲料不宜饲喂仔猪、育肥猪，有时可用于成年母猪的填充料。

五、矿物质饲料

矿物质饲料是为了补充植物性和动物性饲料中某种矿物质不足而利用的一类饲料。大部分饲料中都含有一定量矿物质，在过去散养或土圈少量养猪的情况下，看不出明显的矿物质缺乏症，但在目前高密度饲养或圈养条件下矿物质需要量增多，必须在饲料中添加。在生产中，常用的矿物质饲料主要有骨粉、贝壳粉、石粉、磷酸氢钙、食盐、沸石等。

（1）骨粉　动物骨骼经高温、高压、脱脂、脱胶粉碎而成。含钙量为36%，含磷量为16%，不仅钙、磷丰富，而且比例适当，是猪饲料中优质的钙、磷补充饲料，一般用量占1.5%~2%即可。

（2）贝壳粉和石粉　贝壳粉是河、湖、海产的螺蚌等外壳加工粉碎而成，含钙量为30%以上。石粉是天然的碳酸钙，含钙量为35%以上。它们都是廉价钙的来源，用量一般在1.5%~2%即可。

（3）磷酸氢钙　含钙量在20%以上，含磷量在15%以上。因价格昂贵，用量很少，占饲料的0.5%左右，使用时应注意用脱氟磷酸氢钙。

（4）食盐　植物性饲料中一般缺乏钠和氯，在猪的饲料中应注意添加，一般添加量为0.5%~1%。

（5）沸石　沸石是一种含水的硅酸盐矿物，在自然界中多达40多种。沸石中含有磷、铁、铜、钠、钾、镁、钙、锶、钡等20多种矿物质元素，是一种质优价廉的矿物质饲料。

六、饲料添加剂

饲料添加剂是指为补充饲料营养或有利于营养利用而向饲料中加入的各种微量成

分。它不同于饲料，一般不能提供能量，添加的主要目的在于补充饲料营养成分的不足，防止和延缓饲料变质，提高饲料适口性，改善饲料利用率，预防猪受病原微生物的侵扰，促进猪正常发育和加速生长，提高产品质量。由于自然界中没有哪一种饲料能完全满足猪的营养需要，即使是几种饲料科学地配合在一起也不可能非常完善，因此在饲料中加入饲料添加剂是非常必要的。

饲料添加剂可分为两大类，包括营养性饲料添加剂和非营养性饲料添加剂。

1. 营养性饲料添加剂

此类添加剂主要用于平衡饲料营养，使饲料更全价，提高饲料转化率，使猪的生产力得到更好发挥。主要包括氨基酸添加剂、微量元素添加剂和维生素添加剂。

（1）氨基酸添加剂　猪对蛋白质的需要实际上是对必需氨基酸的需要，猪常用的植物性饲料中，必需氨基酸的数量少且不平衡，不能满足猪的需要，影响饲料转化率。

目前生产中普遍使用的氨基酸添加剂有两种，即赖氨酸添加剂和蛋氨酸添加剂，它们都可以工业合成。

①赖氨酸添加剂。在能量饲料中都缺乏，是猪的第一限制性氨基酸，虽然蛋白质饲料如豆饼（粕）中含量较高，但其价格高，来源不足，限制了在猪饲料中的使用量。为了降低饲料成本，可在饲料中直接添加赖氨酸，满足猪对赖氨酸的需要。试验证明，在猪饲料中添加赖氨酸，可提高猪的生长速度，降低饲料消耗。

②蛋氨酸添加剂。在植物性蛋白质饲料中含量较少，是猪的第二限制性氨基酸。可根据饲养标准推荐量在饲料中适当添加。

（2）微量元素添加剂　通常包括有铁、铜、锰、锌、钴、碘等微量元素，在缺硒地区还应添加亚硒酸钠。在水泥地面封闭饲养的猪，不接触土壤，不喂青绿饲料和草粉，需要在饲料中添加微量元素添加剂。各地饲料公司、生产厂家和药店均出售各种规格的微量元素添加剂，可按说明书使用。

（3）维生素添加剂　在家庭养猪中，青绿饲料比较多，虽然不使用维生素添加剂，也很少出现缺乏症。但在规模养猪情况下，青绿饲料很难充分供应，尤其是饲养育肥猪，不宜大量饲用青绿饲料。因此，必须在饲料中加入适量的维生素添加剂。各地饲料公司、生产厂家和药店出售各种复合饲料添加剂，分为种猪（妊娠期、泌乳期）、仔猪和肉猪各种规格，可按说明书使用。购买时要注意密封性和有效保存期，过期的维生素添加剂效价降低，甚至完全失效。添加维生素的饲料不宜长时间贮存。

各种营养性饲料添加剂由于添加量都很小，应充分搅拌均匀，以免造成浪费及意外事故。

2. 非营养性饲料添加剂

该类添加剂不是为了提供营养,而是为了促进猪的生长,改善饲料利用率,防止饲料变质,提高猪肉品质。主要包括保健助长添加剂、饲料品质保护添加剂等。

(1) 保健助长添加剂　该类添加剂可抑制病原微生物的繁殖,改善猪体内的某些生理过程,提高饲料利用率,促进猪的生长发育,增加养猪的经济效益。其主要包括抗生素添加剂、生长促进剂、驱虫和保健添加剂、增进食欲添加剂、中草药添加剂。

①抗生素添加剂。低浓度的抗生素添加剂可对特异微生物的生长产生抑制或杀灭作用,从而提高猪的生产力。在饲养管理条件比较恶劣的情况下,使用这类添加剂的效果更好。目前在养猪生产中经常使用的有杆菌肽锌预混剂、泰乐霉素预混剂、竹桃霉素预混剂等。在使用此类添加剂时要防止滥用,长期低剂量使用抗菌药物会使微生物产生抗药性,并在猪肉中残留,对人类造成危害,这是许多国家不允许的。因此,在使用时最好能将几种抗生素添加剂联合或交叉使用,以免引起抗药性。为了防止残留,应间隔使用,特别是在屠宰前一段时间要停用。

②生长促进剂。如生长素、β-兴奋剂等能改善猪体内代谢过程,促进猪的生长。还有如各种纤维素酶、淀粉酶等可改善饲料消化率,提高饲料转化率。

③驱虫和保健添加剂。对消化道内寄生虫(如蛔虫)有效的如潮霉素;对预防与治疗白痢有效的如土霉素,猪的用量为每吨饲料添加300克,有促进猪的生长与防病作用。

④增进食欲添加剂。

谷氨酸钠(味精):在饲料中添加0.1%的谷氨酸钠,能显著提高猪的食欲,并有效地加快生长,特别在仔猪人工乳液中添加谷氨酸钠效果更好。

用发酵法生产味精的残渣,经适当处理,可代替谷氨酸钠作为饲料添加剂使用。残渣中除含有一定量的谷氨酸钠外,尚有大量的菌丝蛋白及其他有助于猪生长的物质。

糖精:为了改善猪饲料的适口性,增进食欲,也可在每吨饲料中添加200克糖精。此外,在饲料中添加适量的马钱子、槟榔、芥子与茴香油等,也可起到开胃的作用。

⑤中草药添加剂。中草药资源丰富,价格低廉,助长保健,无不良副作用,可以作为添加剂使用。

(2) 饲料品质保护添加剂　饲料中某些成分暴露在空气中易被氧化,或在气温高、湿度大的环境中易变质,在饲料中添加了这类添加剂后可有效地保护饲料品质。常用的添加剂有抗氧化剂和防霉剂。

①抗氧化剂。在含脂肪高的饲料中,为了防止脂肪腐败和维生素的破坏而使用的添加剂。常用的有乙氧基喹啉、丁基化羟基甲苯等,在饲料中的添加量一般为0.01%~0.05%。在家庭养猪饲料用量不太大、饲料贮存天数较短的情况下,很少使用。

②防霉剂。是为了防止高温高湿的季节饲料霉变而采用的添加剂。常用的防霉剂是丙酸钠，用量为每吨饲料添加1千克。

3. 使用饲料添加剂时应注意的问题

饲料添加剂的作用已逐渐被人们认识，使用越来越普遍，但因种类多，使用量小而作用大，且多易失效，所以使用时应注意以下几点。

（1）正确选择　目前饲料添加剂的种类很多，每种添加剂都有自己的用途和特点。因此，首先应充分了解它们的性能，然后结合饲养目的、饲养条件、猪的品种及健康状况等选择使用。

（2）用量适当　用量少，达不到目的；用量多既增加饲养成本，还会引起中毒。用量多少应严格遵照生产厂家在包装上的使用说明。

（3）搅拌均匀　搅拌均匀程度与效果直接相关：饲料中混合添加剂时，必须搅拌均匀，否则即使是按规定的量饲用，也往往起不到作用，甚至会出现中毒现象。若采用手工拌料，可采用三层次分级拌和法。具体做法是先确定用量，将所需添加剂加入少量的饲料中，拌和均匀，即为第一层次预混料；然后再把第一层次预混料掺到一定量（饲料总量的1/5~1/3）饲料上，再充分搅拌均匀，即为第二层次预混料；最后再把第二层次预混料掺到剩余的饲料上，拌匀即可。这种方法称为饲料三层次分级拌合法。由于添加剂的用量很少，只有多层次分级搅拌才能混匀。

（4）混于干粉料中　饲料添加剂只能混于干饲料（粉料）中，短时间贮存待用才能发挥它的作用。不能混于加水的饲料和发酵的饲料中，更不能与饲料一起加工或煮沸使用。

（5）贮存时间不宜过长　大部分添加剂不宜久放，特别是营养性添加剂、特效添加剂，久放后容易受潮发霉变质或氧化还原而失去作用，如维生素添加剂、抗生素添加剂等。

（6）配伍禁忌　多种维生素最好不要直接接触微量元素和氯化胆碱，以免降低药效。在同时饲用两种以上的添加剂时，应考虑有无拮抗、抑制作用，是否会产生化学反应。

第三节　饲料的加工与调制

饲料加工调制是改变饲料性状的一种手段，其目的是改善饲料的适口性，消除某些饲料固有的有害性，提高饲料的采食量、消化性和利用率。饲料调制与否或如何调制，必须根据饲料的性质和猪的生理状况以及调制所耗费的人力、物力和经济成本来决定，因为调制时虽有所得，也有所失，要具体衡量得失。

一、能量饲料的加工调制

能量饲料一般适口性好,消化率较高,是猪营养的主要来源。但禾谷类籽实由于种皮(如玉米)、颖壳(如大麦)、淀粉粒的性质(如小麦)以及某些饲料中含有的有毒有害物质(如高粱中的单宁)等因素,影响了消化酶的消化作用和营养物质的吸收,需要通过适当加工调制,改善其适口性,提高消化利用率。经常使用的方法有机械加工、发芽、糖化与压扁制粒等。

1. 机械加工

机械加工是籽实类饲料最常用的加工调制方法。这类饲料如果整粒饲喂,消化液难以透过表层结构,营养物质不易被消化,饲料利用率低。机械加工的方法有:

(1)粉碎 通过将饲料粉碎,破坏了籽实表面坚硬的种皮和颖壳层,增加饲料与消化液的接触面积,提高饲料利用率。这类饲料粉碎时要注意粉碎的细度,特别对于大麦、小麦等。由于其中含有较多的谷蛋白,粉碎过细适口性差,易于在肠道内黏滞成团影响消化液的渗入,不利于消化,一般以中等细度为佳。

精饲料粉碎后与外界接触面增加,易于返潮和氧化,不耐贮存,对于含脂率高的饲料更要注意,如玉米等。

(2)浸泡 对有些能量饲料可通过浸泡提高适口性,减少有毒有害物质的危害。如高粱通过浸泡可消除其中所含的单宁,土豆通过浸泡可减少其中茄碱的含量。浸泡时料水比以1:(1~1.5)为宜,水过多,影响干物质的摄入量,营养供给不足,影响猪的生长。在高温季节,浸泡时间不宜过长,以免饲料发酵变质。

(3)焙炒 对诱引仔猪开食具有很好的作用,通常用大麦或玉米等含淀粉多的饲料,将部分淀粉转化为糊精,产生香味,改善适口性。

2. 发芽、糖化与压扁制粒

(1)发芽 在冬、春季青饲料缺乏的情况下,为了满足种猪的需要而采取的方法,可促进猪的发情和泌乳量的提高,提高精液品质。发芽时要注意把温度控制在30~40℃。籽实发芽有两种:一种是长芽(6~8厘米),富含胡萝卜素;另一种是短芽(0.5~1厘米),富含维生素E。

(2)糖化 将籽实粉碎后,在淀粉酶的作用下,使部分淀粉转化为麦芽糖。糖化饲料中含有少量乳酸,糖分含量高,具有酸、香、甜味,适口性好,提高了饲料的消化率。

(3)压扁制粒 将禾本科籽实如玉米、大麦、高粱等先去皮,加热压扁制成压扁饲料,可提高适口性和消化率。也可将能量饲料先粉碎,再通过多种饲料配合,然后制成颗粒饲料,可提高消化率。

二、蛋白质饲料的加工调制

1. 植物性蛋白质饲料的加工调制

植物性蛋白质饲料是猪饲料中蛋白质的主要来源，由于该类饲料中常含有某些对猪生理机能有害的物质，所以对它处理以降低危害、提高饲用价值成为蛋白质饲料加工调制最重要的一部分。这类饲料主要是饼粕类饲料。饼（粕）是榨油的副产品，其中有害物质的含量大多与残油量高低有关，一般残油量越多，有害物质含量就越高，相反则少。

（1）豆饼（粕）　冷榨的豆饼（粕）中含有抗胰蛋白酶、细胞凝集素、尿酶素和促甲状腺肿素等有害物质，它们会降低粗蛋白质的消化率，对猪造成一定的毒害而产生疾病，由于这些物质大都是热不稳定物质，在105~110℃的温度下经3~5分钟即可被分解，成为无毒性的物质。因此，豆（粕）一定要经过加热处理才能用来喂猪。

（2）菜籽饼（粕）　菜籽榨油后的副产品，由于其中含有芥子苷和芥子酸，使菜籽饼（粕）有一股辛辣味，适口性差，而且芥子苷在体内分解后产生硫氰酸类物质，可导致猪甲状腺肿大，影响物质代谢。因此，菜籽饼（粕）在饲用前要经过脱毒处理，降低菜籽饼（粕）中芥子苷的含量，埋入法是最常用的方法，即将菜籽饼（粕）和水按1∶1的比例埋入土坑，经两个月后即可取出饲喂。除此之外还有氨、碱处理法和发酵法，但效果都不太理想。

（3）棉籽饼（粕）　棉籽饼（粕）中含有游离的棉酚，可对组织细胞和神经产生毒害，要经过去毒才能使用。常用的去毒方法是用0.2%~0.5%的硫酸亚铁溶液浸泡，按1∶2.5的饼水比例浸泡24小时，去毒率可达80%左右。除此之外，还可用水煮法和溶剂浸出法，但效果不如浸泡法。

（4）其他植物性蛋白质饲料　如蓖麻籽饼（粕）、花生饼（粕）、胡麻仁饼（粕）等，在使用前都要进行适当加工调制，以提高适口性，减少毒害作用。

2. 动物性蛋白质饲料的加工调制

动物性蛋白质饲料也是猪饲料中蛋白质来源的一个方面，特别是家庭养猪时自制的蛋白质饲料，要注意合理加工调制，以免对猪产生危害。

（1）肉骨粉　可采用畜禽脏器和不符合食用要求的屠体如非传染病死亡的动物加工制成。在喂猪时，一定要经过高温消毒才可饲用，以免产生疾病。

（2）蚕蛹　缫丝工业的副产品。脂肪含量高，不耐贮存，应将其高温处理抽提部分油脂才能用于饲喂，晒干后可贮存。不能将蚕蛹从缫丝厂取来后直接饲喂，以免产生疾病或中毒。

（3）鱼粉　使用最广泛的动物性蛋白质饲料，其加工方法一般有干法、湿法和土法。市售鱼粉常是用干法生产的，质量可靠、符合卫生要求。采用土法生产的鱼粉，质量不可靠，蛋白质含量不稳定，食盐含量过高，未经高温消毒，卫生条件差，在饲喂时要慎重。

三、青饲料的加工调制

（1）青饲料打浆　青饲料的体积较大，含有一定量的粗纤维，在实际使用时，猪的采食量是有限的，如果将其粉碎打浆，制成粥样，则可提高适口性，增加采食量，有利于消化液与营养物质的混合，提高消化率。各种青饲料都可以作为打浆的原料，对于有些质地较硬或适口性差的青饲料，如茎叶表面有倒刺或毛的青饲料尤为适宜。

青饲料打浆的具体做法是用普通锤片式粉碎机改装，使用直径为3~4毫米的筛板，配以一定动力即可进行。根据打浆过程中是否加水可分为水打浆和干打浆，含叶多的幼嫩青饲料可直接打浆，压缩体积，提高采食量，且便于贮存，此方法称为干打浆。对于一些较老、含粗纤维较多的青饲料，由于含水量少，粉碎打浆时过于黏稠不易流出，可在入料口用水管注入适量的水，起到一定的稀释和清洗作用，保证浆液顺利地流入料池，此方法称为水打浆，料水比例约为1∶1，由于含水多，不易贮存。

（2）青饲料发酵　青饲料的发酵是利用乳酸菌、酵母菌等在适宜的温度、湿度和厌氧环境下，对青饲料进行发酵，使其质地柔软，体积较小，酸香可口。此方法对于一些质地较硬、带有不良气味的青饲料尤为适合。

青饲料发酵的方法是将青饲料洗净切短，装入缸或池内踩紧压实，装至接近满缸时，盖上草席，压上重物，以免青饲料浸水后浮起腐烂，然后用水完全浸没青饲料，经3~7天后，发酵即可完成。

由于发酵过程中温度达40℃左右，水分含量多。因此，发酵饲料不耐贮存，在制作时一次数量不宜过多，否则会导致腐败变质。

在青饲料进行发酵前，对原料要进行清理，防止有毒植物掺入。为提高发酵饲料的营养价值，可进行混合发酵。

（3）青饲料的干制加工　青饲料经干制加工即成青干草。品质良好的青干草是我国北方地区猪冬、春季青饲料供应的一种重要来源。调制良好的青干草，营养损失少，青绿，芳香，适口性好，易于消化。豆科牧草、禾本科牧草和天然草地牧草都可制成青干草。

调制青干草的原料要适时收割，禾本科牧草于始花期至盛花期收割。收割是否适时，与青干草的品质和调制的难度有很大关系。

青干草的调制有自然干燥和人工干燥两种方法，目前国内多采用自然干燥法，即利用阳光暴晒进行调制。

自然干燥法调制青干草包括两个阶段，第一阶段是将适时收割的原料采用地面薄层平铺暴晒法，在阳光下暴晒4~5小时，使草中水分迅速蒸发降至40%左右，这时植物细胞死亡，呼吸停止。这个阶段一定要将草铺开，铺平，勤翻动，以加快水分蒸发，缩短晒制时间。第二阶段是使植物含水量降至14%~17%，抑制酶的活动，减少营养损失。植物中水分由40%降至14%~17%是一个较缓慢的过程，不能采用阳光暴晒，而应减少日晒，以免胡萝卜素大量损失。可采用堆小堆或移至通风良好的遮阴棚下逐渐干燥，此阶段要减少翻动，以免叶片大量脱落，造成营养损失。

青干草调制完毕后要及时堆垛，以免受到雨淋而降低青干草的营养价值。调制干草过程中最重要的一点是防止雨淋，受雨淋的青干草容易霉烂，适口性差甚至失去饲用价值。在雨水较多的地区调制青干草时，采用草架晒制，可减少营养损失。

四、青贮饲料的加工调制

青贮饲料是青饲料通过微生物作用将营养物质保存下来的一种饲料。通过青贮，可使青饲料常年均衡供应。禾本科青饲料较易保存，豆科青饲料较难青贮成功，如果两者混合青贮，可提高青贮饲料的营养价值。一般青贮饲料的调制方法如下。

（1）适时收割　用于青贮的原料要适时收割，收割过早，含水量多，不易青贮；收割过迟，粗纤维含量高，品质差。禾本科牧草以孕穗期至抽穗期收割，豆科牧草为始花至盛花期、青贮玉米为乳熟期收割、山芋藤为霜前期收割，人工收割与机械收割结合，随割随贮，效果较好（图3-22和图3-23）。

图3-22　青贮玉米人工收割

图3-23　青贮玉米机械收割

（2）切短　为了便于装填、踩实和取喂，青贮原料必须切短（图3-24）。豆科牧草可长些，禾本科的宜略短些，一般以3~5厘米为佳。

（3）装填　原料切短后要立即装填。装填前先将窖底部铺上15~30厘米厚的稻草（用糠也可），然后开始分层装填，每层20~30厘米，层与层之间可根据原料含水量的多少，撒上适量的稻糠，便于压紧，尤其要踩实窖的边缘（图3-25）。尽可能排除饲料中的空气，提供良好的厌氧环境，这是青贮成功的关键之一。

（4）封窖　要求严密不透气，防止雨水淋湿。青贮窖顶部要装满压实呈馒头形，并用塑料膜或土封严，封窖 3~5 天后，原料下沉，要及时用土填实（图 3-26）。

图 3-24　玉米秸秆切短、装窖　　　图 3-25　踩实压严，排除空气　　　图 3-26　青贮窖封顶

饲料青贮 1 个月左右即可开窖使用。使用时要注意逐段、分层取用，不能掏洞或整个无规律使用。

品种良好的青贮饲料应呈绿色或黄绿色，带有水果味或乳酸香味，质地疏松。而发黑甚至腐烂的青贮饲料不应用来喂猪。

青贮饲料具有轻泻性，妊娠母猪应控制饲喂量。猪的喂量以每头 1.5~2 千克/天为宜，使用时要与其他精饲料混合饲喂，且需逐步增加喂量，以使猪有适应过程。

五、粗饲料的加工调制

（1）粗饲料粉碎　猪是单胃动物，对粗饲料的消化能力很差，因而饲料中含量不宜过多。为了增加猪的采食量，有利于粗饲料的消化，饲用粗饲料前应进行粉碎。粗饲料的粉碎细度，一般来说是越细越好，最好在 1 毫米以下；用来粉碎的粗饲料，最好进行多样搭配，提高营养价值；发霉的饲料在粉碎前一定要加以剔除。粉碎好的粗饲料干粉，可以与精饲料混起来喂，也可以与精饲料一起压成颗粒饲料喂。

（2）粗饲料发酵　在发酵过程中，由于微生物的作用，可使粗纤维软化、糖化，有利于提高粗饲料的适口性和利用率。粗饲料的发酵方法主要有绿色木霉菌发酵法、瘤胃发酵法、糖化酶菌（黄曲霉、根霉等）发酵法及自然发酵法等。

第四节　猪的饲养标准与饲料配合

一、猪的饲养标准

（1）饲养标准的制定　养猪的目的是用最少的饲料生产最多的猪肉，在科学养猪过程中，为了充分发挥猪的生产性能又不浪费饲料，必须对每头猪每天应给予的各种营养物质量规定一个大致的标准，以便实际饲养时有所遵循，这个标准就是饲养标准。饲养标准的制定是以猪的营养需要为基础的，所谓营养需要就是指猪在生长、育肥、繁殖等生理活动中每天对能量、蛋白质、维生素和矿物质等营养物质的需要量。在变化的因素中，某一头猪的营养需要我们是很难知道的，但是经过多次试验和反复验证，可以对一类猪在特定环境和生理状态下的营养需要得到一个估计值，生产中按照这个估计值供给猪各种营养，这就产生了饲养标准。

饲养标准的内容主要包括能量指标，蛋白质水平，钙、磷、食盐及胡萝卜素含量，有些还包括了各种必需氨基酸、维生素和各种必要的微量元素的合理供应量等。目前有些饲养标准包括营养指标达 20 多种，力求营养的全价化。饲养标准的内容随着畜牧科学技术的发展，项目越来越多，越来越复杂，微量元素的饲养效果更趋明显，有的把微量元素作为重要的添加剂。

猪的饲养标准很多，许多国家都有本国猪独特的饲养标准。各国的饲养标准，其内容不完全相同，但总的看来，基本上大同小异，所以各国的饲养标准都可以相互参考，相互借鉴。我国猪的饲养标准见附录 A 和附录 B。

（2）应用猪的饲养标准时需要注意的问题

1）饲养标准是来自养猪生产，又服务于养猪生产。生产中只有合理应用饲养标准，配制营养完善的全价饲料，才能保证猪群健康并很好地发挥生产性能，提高饲料利用率，降低生产成本，获得较好的经济效益。所以，为猪群配合饲料时，必须以饲养标准为依据。

2）饲养标准的种类较多，在配合饲料时应选择合适的饲养标准，满足相应猪的营养需要，并力求符合标准。

3）饲养标准是根据许多试验研究结果的平均数据提出来的，而饲料又是按大群猪的平均生产力来配合的，不可能符合每一个体的需要，而且饲料成分也有变化。此外，各种营养物质之间也存在相互代替、相互制约的复杂关系。因此，在承认饲养标准与饲料营养价值表的科学性前提下，在生产实践中，要随时根据具体情况做具体调整，使配合饲料的营养含量达到近似值即可。

4）制定具体饲料配方时，至少要满足猪对消化能、粗蛋白质、蛋白能量比、钙、磷、食盐、赖氨酸和蛋氨酸的需要量。

二、猪的饲料配合

（1）配合饲料的优点　配合饲料是指根据饲养标准科学地将几种饲料原料按一定比例混合在一起的营养全面的饲料。猪在生产过程中需要一定量的各种营养，但自然界中没有哪一种饲料能满足这个要求，用单一饲料喂猪的结果必然影响猪的生长，浪费饲料，降低经济效益。相反，饲用配合饲料不但能满足猪的营养需要，还能相对地降低饲料成本。配合饲料的优越性可概述如下。

1）由于配合饲料是全价的，营养物质利用率高，可用最少的饲料获得最多的产品。

2）配合饲料生产时，是将几种饲料混合使用，饲料之间营养物质相互补充，可以最合理地利用各种饲料，减少浪费，这对于一些资源贫乏的饲料如蛋白质饲料尤为重要。

3）饲料配制时，可加入各种添加剂，防止营养不足、过量和中毒现象，可以抑制病原微生物的生长，减少疾病发生，促进猪的生长，改善饲料利用率，提高胴体品质。用配合饲料喂猪与用单一饲料相比，料肉比前者为（3.0~3.5）：1，后者为（4.0~4.5）：1，甚至更高；死亡率前者在5%以下，后者常在10%~15%。

（2）饲料配合的原则

1）配合饲料时应依据猪的饲养标准及饲料营养价值。饲养标准是配合饲料的指南，饲料的营养价值是基础，查阅饲料营养价值表时要尽量选择接近本地区饲料的营养价值，以减少误差。

2）必须满足猪对能量、蛋白质、维生素和矿物质的需要。对种猪还要注意蛋白质的品质、必需氨基酸的平衡程度。

3）注意饲料体积，控制粗纤维含量。母猪饲料体积可以较大些，使母猪有饱腹感，粗纤维含量可达10%左右，而种公猪、仔猪和育肥猪等要控制饲料体积，以免种公猪形成草腹，仔猪、育肥猪能量摄入不足，影响生长。

4）饲料要多样化。充分利用当地饲料资源，力求饲料品种多样化，使营养物质之间相互补充，提高利用率。

5）饲料要质地良好，适口性好。严禁喂发霉变质、有毒有害的饲料。对于妊娠母猪更要注意。

6）要考虑经济原则。在养猪生产中，饲料成本占总成本的60%~70%，为了提高经济效益，降低饲料成本，应在满足猪营养需要的前提下，尽量选用价格低廉、来源广泛的饲料。

（3）配合饲料的类型　猪的配合饲料的种类很多，按猪的类别可将配合饲料分为乳猪料、仔猪料、肥猪料、哺乳母猪料、妊娠母猪料和公猪料等；按形态可将配合饲料分为粉料、破碎料、颗粒料、压扁料、膨化漂浮料及液体料等；按营养可将配合饲料分为添加剂预混料、浓缩料、混合料和全价配合饲料。

1）添加剂预混料。把多种饲料添加剂按一定比例与定量载体混合制成，喂猪时，按说明加入基础饲料中。

2）浓缩料。在添加剂预混料的基础上再加入蛋白质饲料。

3）混合料。多为养猪户利用，自家生产的能量饲料加入少量蛋白质饲料和矿物质饲料混合而成。

4）全价配合饲料。这种饲料根据科学配方，利用多种能量饲料、蛋白质饲料和饲料添加剂预混料配合而成，营养全面，比例适当，饲养效果好，经济效益高。

（4）饲料中各类饲料原料的比例　不同饲料原料在猪饲料中所占比例不同，同一种饲料原料在不同饲料中所占比例也不尽相同。配合饲料时应参考典型饲料配方和实践经验灵活掌握。各类饲料原料在猪饲料中的比例可参考表3-1。

表3-1　各类饲料原料在猪饲料中的比例（质量分数，%）

饲料原料	育成猪 （2~4月龄）	后备成猪 （4~8月龄）	兼用型猪 （4~7月龄）	瘦肉型猪 （4~6月龄）	妊娠母猪
禾本科籽实	36~60	35~50	35~55	35~55	30~50
豆科籽实	0~15	0~20	0~20	0~20	0~10
饼粕类	0~10	0~20	0~10	0~10	5~20
糠麸类	5~10	5~20	5~15	5~10	10~25
酵母	0~5	0~5	0~5	0~5	0~5
动物性饲料	3~10	2~10	2~5	3~8	1~5
草粉	1~5	1~5	1~5	1~5	1~7
石粉、骨粉	1.5	1.5	1.5	1.5	1.5
食盐	0.5	0.5	0.5	0.5	0.5

（5）设计饲料配方的方法　配合猪的饲料首先要设计饲料配方，有了配方，然后"照方抓药"。设计猪饲料配方的方法很多，如对角线法、试差法、计算机设计法等。目前农村养猪户和小型猪场多采用对角线法或试差法，而大型猪场和饲料公司多采用计算机设计法。

1）对角线法。此方法简单易懂，一般在饲料种类不多及考虑营养指标较少的情况下采用。如利用某一含粗蛋白质42%的浓缩蛋白质饲料和含粗蛋白质8.6%的玉米，配制成含粗蛋白质16%的生长育肥猪饲料。其计算步骤如下。

①画一个四边形，在四边形中央写上所配饲料的蛋白质含量16%，在左上角写玉米粗蛋白质的含量，即玉米8.6%；在左下角写浓缩饲料粗蛋白质的含量，即浓缩料42%。

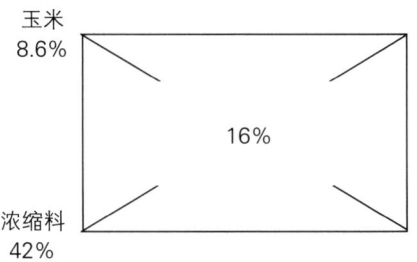

②按四边形两对角线进行计算，用大数减去小数，并在计算过程中去掉百分号，即 42 - 16 = 26；16 - 8.6 = 7.4。把得数写在对角上。

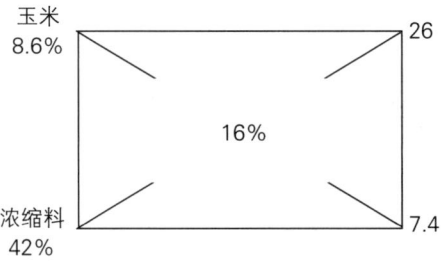

所以，右上角得数 26 是玉米在饲料中所占的份数；右下角得数 7.4 是浓缩料在饲料中所占的份数，总份数为 26 + 7.4 = 33.4。

③把饲料原料的份数换算成百分比（%）。

即：

$$玉米（\%）= \frac{26}{26+7.4} \times 100\% = 77.84\%$$

$$浓缩料（\%）= \frac{7.4}{26+7.4} \times 100\% = 22.16\%$$

2）试差法。所谓试差法就是根据经验和饲料营养含量，先大致确定一下各类饲料原料在饲料中的大致比例，然后进行营养价值计算，计算结果与饲料标准比较，如果某一项或某一部分营养不足或过多，将相应部分饲料比例调整，再计算，直到近似饲养标准为准。这种方法是生产中使用最多的，比较容易掌握。

例如：为体重 35~60 千克的生长育肥猪配合饲料。可供饲料原料有玉米、大麦、米糠、豆饼、苜蓿草粉、贝壳粉、食盐及各种饲料添加剂。

①根据配料对象及现有的饲料原料种类列出饲养标准及饲料成分表，见表 3-2。

表 3-2　生长育肥猪饲养标准及饲料成分表（体重 35~60 千克）

项目		消化能/（兆焦/千克）	粗蛋白质（%）	钙（%）	磷（%）	赖氨酸（%）	蛋氨酸+胱氨酸（%）	食盐（%）
饲养标准		13.39	16.4	0.55	0.48	0.82	0.48	0.30
饲料成分	玉米	14.27	8.7	0.02	0.27	0.24	0.38	
	大麦	13.56	13	0.04	0.39	0.44	0.39	
	米糠	12.64	12.8	0.07	1.43	0.74	0.44	
	豆饼	14.39	41.8	0.31	0.5	2.43	1.22	
	苜蓿草粉	6.95	19.1	1.4	0.51	0.82	0.43	
	贝壳粉			33.5				

②试制饲料配方，算出其营养成分。如初步确定各种饲料原料的比例为：玉米 57.5%、大麦 15%、米糠 8%、豆饼 15%、苜蓿草粉 2%、贝壳粉 1.5%、食盐 0.3%、添加剂 0.7%。饲料比例初步确定后可列出试制的饲料配方及其营养成分表（表 3-3）。

表 3-3　试制的饲料配方及其营养成分表

饲料原料	比例（%）	消化能/（兆焦/千克）	粗蛋白质（%）	钙（%）	磷（%）	赖氨酸（%）	蛋氨酸+胱氨酸（%）
玉米	57.5	14.27×0.575 =8.2053	8.7×0.575 =5.0025	0.02×0.575 =0.0115	0.27×0.575 =0.1553	0.24×0.575 =0.1380	0.38×0.575 =0.2185
大麦	15	13.56×0.15 =2.0340	13×0.15 =1.9500	0.04×0.15 =0.0060	0.39×0.15 =0.0585	0.44×0.15 =0.0660	0.39×0.15 =0.0585
米糠	8	12.64×0.08 =1.0112	12.8×0.08 =1.0240	0.07×0.08 =0.0056	1.43×0.08 =0.1144	0.74×0.08 =0.0592	0.44×0.08 =0.0352
豆饼	15	14.39×0.15 =2.1585	41.8×0.15 =6.2700	0.31×0.15 =0.0465	0.5×0.15 =0.0750	2.43×0.15 =0.3645	1.22×0.15 =0.1830
苜蓿草粉	2	6.95×0.02 =0.1390	19.1×0.02 =0.3820	1.4×0.02 =0.0280	0.51×0.02 =0.0102	0.82×0.02 =0.0164	0.43×0.02 =0.0086
贝壳粉	1.5			33.5×0.015 =0.5025			
食盐	0.3						
添加剂	0.7						
合计	100	13.5480	14.6285	0.6001	0.4134	0.6441	0.5038
饲养标准	100	13.39	16.4	0.55	0.48	0.82	0.48
差数	0	0.1580	−1.7715	0.0501	−0.0667	−0.1759	0.0238

③补足饲料中粗蛋白质含量。从以上试制的饲料配方来看，消化能比饲养标准多0.158兆焦/千克，而粗蛋白质含量比饲养标准少1.7715%，这样可利用豆饼代替部分玉米进行调整。从饲料成分表中可查出豆饼的粗蛋白质含量比玉米高33.1%（41.8%-8.7%=33.1%）。在这里，每用1%豆饼代替玉米，则可提高粗蛋白质含量0.331%。这样，可以增加5.352（1.7715/0.331）豆饼来代替玉米就能满足粗蛋白质的饲养标准。第一次调整后的饲料配方及其营养成分见表3-4。

表3-4 第一次调整后的饲料配方及其营养成分表

饲料原料	比例（%）	消化能/（兆焦/千克）	粗蛋白质（%）	钙（%）	磷（%）	赖氨酸（%）	蛋氨酸+胱氨酸（%）
玉米	52.1	14.27×0.521=7.4347	8.7×0.521=4.5327	0.02×0.521=0.0105	0.27×0.521=0.1407	0.24×0.521=0.1251	0.38×0.521=0.1980
大麦	15	13.56×0.15=2.0340	13×0.15=1.9500	0.04×0.15=0.0060	0.39×0.15=0.0585	0.44×0.15=0.0660	0.39×0.15=0.0585
米糠	8	12.64×0.08=1.0112	12.8×0.08=1.0240	0.07×0.08=0.0056	1.43×0.08=0.1144	0.74×0.08=0.0592	0.44×0.08=0.0352
豆饼	20.4	14.39×0.204=2.9356	41.8×0.204=8.5272	0.31×0.204=0.0633	0.5×0.204=0.1020	2.43×0.204=0.4958	1.22×0.204=0.2489
苜蓿草粉	2	6.95×0.02=0.1390	19.1×0.02=0.3820	1.4×0.02=0.0280	0.51×0.02=0.0102	0.82×0.02=0.0164	0.43×0.02=0.0086
贝壳粉	1.5			33.5×0.015=0.5025			
食盐	0.3						
添加剂	0.7						
合计	100	13.5545	16.4159	0.6159	0.4258	0.7625	0.5492
饲养标准	100	13.39	16.4	0.55	0.48	0.82	0.48
差数	0	0.1645	0.0159	0.0659	-0.0542	-0.0575	0.0692

④平衡钙、磷，补充添加剂。从表3-4可以看出，饲料配方中的磷含量少0.0542%，赖氨酸含量少0.0575%，其他营养含量与饲养标准相差不多。这样可用0.44%（0.0542/12.23）的骨粉代替玉米，添加剂按药品说明添加。

这样经过调整的饲料配方中的所有营养已基本满足要求，调整后确定使用的饲料配方及其营养成分见表3-5。

表 3-5 调整后确定使用的饲料配方及其营养成分表

饲料原料	比例（%）	消化能/（兆焦/千克）	粗蛋白质（%）	钙（%）	磷（%）	赖氨酸（%）	蛋氨酸+胱氨酸（%）
玉米	51.6	14.27×0.516 =7.3634	8.7×0.516 =4.4892	0.02×0.516 =0.0104	0.27×0.5106 =0.1394	0.24×0.516 =0.1239	0.38×0.516 =0.1961
大麦	15	13.56×0.15 =2.0340	13×0.15 =1.9500	0.04×0.15 =0.0060	0.39×0.15 =0.0585	0.44×0.15 =0.0660	0.39×0.15 =0.0585
米糠	8	12.64×0.08 =1.0112	12.8×0.08 =1.0240	0.07×0.08 =0.0056	1.43×0.08 =0.1144	0.74×0.08 =0.0592	0.44×0.08 =0.0352
豆饼	20.4	14.39×0.204 =2.9356	41.8×0.204 =8.5272	0.31×0.204 =0.0633	0.5×0.204 =0.1020	2.43×0.204 =0.4958	1.22×0.204 =0.2489
苜蓿草粉	2	6.95×0.02 =0.1390	19.1×0.02 =0.3820	1.4×0.02 =0.0280	0.51×0.02 =0.0102	0.82×0.02 =0.0164	0.43×0.02 =0.0086
贝壳粉	1.5			33.5×0.015 =0.5025			
骨粉	0.5			29.8×0.005 =0.1490	12.5×0.005 =0.0625		
食盐	0.3						
赖氨酸添加剂	0.06					0.06	
其他添加剂	0.64						
合计	100	13.4832	16.3724	0.7648	0.487	0.8213	0.5473
饲养标准	100	13.39	16.4	0.55	0.48	0.82	0.48
差数	0	0.0932	-0.0276	0.2148	0.007	0.0013	0.0673

在配合饲料时要求反复试差调整，直至近似饲养标准为止。用这种方法也可为其他生产目的和生理阶段的猪配合饲料。

一般来说，试差结果与饲养标准相差不超过正负 5% 即为近似饲养标准，配合结果计算值不可能也没有必要与饲养标准完全相同。

设计猪的饲料配方除掌握方法外，还与生产实践经验有很大关系，要在饲养过程中不断总结经验，设计出符合要求的科学配方。

3）计算机设计法。随着电子工业的发展，电子计算机也被广泛应用于饲料配方设计之中。利用电子计算机设计饲料配方，其原理是利用高级计算机算法语言编出程序，将饲料配方问题抽象成线性规划模型后,准确适当地输入数据,利用程序求解。在实际生产中,人们可以利用计算机软件设计饲料配方。与一般方法相比,用计算机设计饲料配方有以下优点。

①可以满足猪所有营养物质的需要。利用手工设计,只能确定几种主要技术指标,计算简单的饲料配方。使用计算机后,利用线性规划和计算机语言,可以将猪饲养标准中规定的所有指标一一满足,使全面考虑营养与成本的愿望变为现实。

②操作简单,快速及时。利用计算机设计饲料配方,全部计算工作都由计算机完成,且速度相当快,仅需几分钟。计算内部程序固定化,操作起来极为简单。

③可计算出高质量、低成本的饲料配方。利用计算机设计出来的饲料配方都是最优化的,它既保证原料的最佳配比,又追求最低成本,这样可充分利用饲料资源,提高饲料转化率,获取最大的经济效益。

④提供更多的参考信息。计算机不仅能设计饲料配方,还能进行经济分析、经营决策、生产管理、市场营销、信息反馈等多种非常重要的作用。

当然,再先进的计算机也仅是一种为人类服务的工具,并不是万能的,要设计出好的饲料配方,还必须掌握营养科学、饲料学原理,且具有丰富的实践经验。

(6)饲料的拌合方法 饲料使用时,要求猪所吃的每一部分饲料所含的养分都是均衡的、相同的,否则将会使猪产生营养不良、缺乏症或中毒现象,即使饲料配方非常科学,饲养条件非常好,仍然不能获得满意的饲养效果。因此,必须将饲料搅拌均匀,以保证猪的营养需要。饲料拌和有机械拌和和手工拌和两种方法,只要使用得当,都能获得满意的效果。

1)机械拌和。机械拌和(图3-27)即采用搅拌机进行拌料。常用的搅拌机有立式和卧式两种。立式搅拌机适用于拌和含水量低于14%的粉状饲料,含水量过多则不易拌和均匀。这种搅拌机所需动力小,价格低,维修方便,但搅拌时间较长(一般每批需10~20分钟),适于养猪专业户使用。卧式搅拌机在气候比较潮湿的地区或饲料中添加了黏滞性强的成分(如油脂)的情况下,都能将饲料搅拌均匀。该机搅拌能力强,搅拌时间短,每批需3~4分钟。主要在一些饲料加工厂和大型猪场使用。无论使用哪种搅拌机。为了使搅拌均匀,都要注意适宜的装料量,装料过多或过少都会使均匀度无法保证,一般装容量的60%~80%为宜。搅拌时间也是关系到混合质量的重要因素,混合时间过短,质量肯定得不到保证,但也不是时间越长越好,搅拌过久,使饲料混合均匀后又因过度混合而导致出现分层现象,同样影响混合均匀度。时间长短可按搅拌机使用说明进行。

2)手工拌和。手工拌和(图3-28)是家庭养猪时饲料拌和的主要手段。拌和时,一定要细心、耐心,防止一些微量成分打堆、结块,拌和不均,影响饲用效果。

图 3-27　机械拌和　　图 3-28　手工拌和

手工拌和时特别要注意的是一些在饲料中所占比例小但会严重影响饲养效果的微量成分，如食盐和各种添加剂，如果拌和不均，轻者影响饲养效果，严重时造成猪产生疾病、中毒，甚至死亡。对这类微量成分，在拌和时首先要充分粉碎，不能有结块现象，块状物不能拌和均匀，被猪采食后有可能发生中毒。其次，由于这类成分用量少，不能直接加入大宗饲料中进行混合，而应采用预混合的方式。其做法是取10%~20%的精饲料（最好是比例大的能量饲料，如玉米面、麸皮等）作为载体，另外堆放，然后将微量成分分散加入其中，用平锹着地撮起，重新堆放，将后一锹饲料压在前一锹放下的饲料上，即一直往饲料堆的顶上放，让饲料沿中心点向四周流动成为圆锥形，这样可以使各种饲料都有混合的机会。如此反复 3~4 次即可达到拌和均匀的目的，预混合料即制成。最后再将这种预混合料加入全部饲料中，用同样方法拌和 3~4 次即能达到目的。

手工拌和时，只有通过这样拌和，才能保证配合饲料品质，那种在原地翻动或搅拌饲料的方法是不可取的。

第四章 种猪的饲养管理

第一节 种公猪的饲养管理

一、后备公猪的选择与培育

后备公猪是指4月龄至配种前这段时间的公猪。后备公猪是猪群的未来，不断选拔和培育优异者作为种猪，对更新猪群、提高种猪和生产猪群的生产性能起着极其重要的作用。

1. 后备公猪的选择

（1）后备公猪的选择原则　在一个猪群内，每头猪的生产性能、外貌特征和健康状况等不会完全一样，在猪群繁殖和改良过程中，应当挑选出优良的公猪作为种用，把一些不符合种用的猪加以淘汰，这种选优淘劣的工作称为选种。选种的实质，在于通过世代的选优去劣，积累、巩固和加强对人类有益的变异，控制猪群遗传性的变化和发展，它具有创造性的作用。所以选种是猪群改良工作中一项长期工作。

选择后备公猪，一看亲代和同胞。后备公猪要从父母品质优秀，母猪在二胎以上，同窝仔猪多而且发育均匀，断奶体重大，没有畸形的窝中选择。二看后备公猪的体形外貌和生长发育。后备公猪要健壮、吃食快、不挑食、发育快、体重和骨架大，全身各个部位匀称，性情活泼。外貌要倾向于该品种的外貌特点。头大而宽，额面无皱纹，嘴短宽而稍上翘，耳朵大小中等且薄而透明，眼大有神。颈短而粗，与头和身躯衔接良好。前躯发达，胸部宽而深，背平直，身腰长，背线不下凹。后躯发育与前躯相称，臀部宽而平长，尾根粗，尾尖卷曲，摇摆自如而不下垂。腹部大小适中，太小会妨碍消化器官发育，太大影响配种。乳头在7对以上，分布均匀。四肢健壮有力，姿势端正，后肢更要强健有力。如果后肢无力，往往不能顺利配种。睾丸要左右对称，大而明显。阴囊紧缩而不下坠，切忌单睾和隐睾。总结四句话为皮薄柔软毛光亮，体躯结构要匀称；眼睛明亮耳朵薄，头方额宽嘴角深；颈粗肩宽胸深广，肋骨弓张背腰平；体长肢高臀部宽，四肢开张姿势正。

(2)后备公猪的选择时间和标准

1)2月龄或断奶时的选择。断奶时,公猪按预留数的5~8倍选留。以自身表现为主,亲代成绩为辅。先进行窝选,然后再在其中选择。

窝选时,一般要求长得快,体重大,发育好,肢蹄健壮,特征明显,有7对以上排列整齐的乳头,睾丸左右发育匀称,外貌符合本品种要求,没有遗传缺陷。

2)4月龄时的选择。4月龄时主要是结合本身发育,以2~4月龄的平均日增重为主,当时的体重为辅,再结合其同胞的日增重及体重(要高于全群均值),参考亲代表现,淘汰那些生长发育不良、不符合要求的个体。一般要多留50%左右。

3)6月龄时的选择。6月龄时,猪的各个组织器官已有了相当发育,优缺点更加突出,可按4月龄时的选择原则进行严格选择。根据猪的体形外貌、生长发育、性成熟表现、外生殖器官的好坏、背膘厚薄等性状进行选择。

4)8月龄时的选择。按4月龄时选择原则根据6~8月龄的平均日增重,结合体长与生产性能发挥有关的外形及健康状况,再选留一次。淘汰个别性器官发育不良、性欲低、精液品质差的后备公猪。

5)配种前的选择。后备种公猪于初配前根据8月龄的选择办法,按预留数进行最后一次选留。后备种公猪占猪群的比例,在自然交配的情况下,公、母猪比例一般为1∶(20~30)。如采用人工授精,公猪的数量可大量减少,比例为1∶(400~800)。

2. 后备公猪的培育

培育后备公猪的任务是获得体格健壮、发育良好、具有品种特征和高度种用价值的种猪。

后备公猪的消化器官比较发达,消化机能和适应环境的能力也逐渐增强,是内部器官的生理成熟时期,也是重要的生长阶段。对饲养管理的要求虽不像仔猪那样严格,但是为了培育品质优良的种猪,仍应根据不同身体部位的生长发育规律,并按照育种目标的要求,给予合理的饲养管理和定向培育。猪可以通过定向培育和控制营养,达到育种目的。只要正确地掌握猪的生长发育规律,就可以在其生长期的不同阶段,控制饲料类型和营养水平,加速或抑制器官组织或某些躯体部位的生长,以改变猪体外形结构和生产性能,使之向人们所希望的方向发育。特别是在提高猪的早熟性和生长速度方面,与营养有密切的关系,故应把选种工作建立在高度培育的基础上。

(1)后备公猪的生长发育特点　在正常的饲养条件下,后备公猪体重的绝对值,随着年龄的增大而增加,相对生长强度则随年龄的增大而降低。到成年时,无论是绝对增重还是相对生长强度均稳定在一定的水平上。4月龄前,相对生长强度最大,8月龄前,生长速度最快。后备公猪生长的好坏,对成年时最终体重有很大的影响,凡生长快的后备公猪,其繁殖性能也好,故应在后备公猪生长速度最快的时候,给予较好的培育条件,以获得较大的成年体重和较好的繁殖性能。

猪体组织的皮、骨、肉、脂肪的生长强度,因猪的月龄、品种类型及饲养管理条件而有差异。一般来说,骨骼从出生到4月龄生长强度最大,4月龄以后减慢。皮肤从出生后到6月龄生长最快,以后变慢。肌肉在4~7月龄生长快,脂肪则在6月龄后生长最强烈。

（2）后备公猪的饲养　后备公猪在不同的月龄,体组织成分的生长是不一样的,如在长骨的阶段,为促使骨骼长得结实致密、骨骼大,必须保证供给足够的钙、磷等矿物质。在长肌肉的阶段则必须供给足量优质的蛋白质。当日粮中的营养物质基本满足时,提高能量水平,对骨骼和肌肉的生长没有多大效应,只会增加脂肪的沉积。培育后备公猪,只要求全身结构和各部位组织发育良好,并不要过肥,在6~8月龄时,体重最好达到成年体重的50%~60%,生殖器官及机能发育正常。因此,在日粮的结构上,主要应以满足骨骼、肌肉和内脏器官生长发育所需的营养为主,品质优良的青绿多汁饲料和干草粉,适量的动物性饲料都是饲喂后备公猪的良好饲料。富含碳水化合物的饲料宜少用,因为能量太多会使后备公猪过肥。后备公猪在体重达50千克以后,随着消化器官的发育完善、消化吸收能力的增强,不仅食欲旺盛,而且食量大增,饱后即睡,因此宜采用限量饲喂,不要采用自由采食（图4-1）。自由采食容易吃得过多而导致肥胖,采食过多也会撑大胃肠容积形成垂腹,还会造成挑食的恶习。为了控制后备公猪的喂量,一般根据体重决定每天风干饲料的给量。在5~6月龄时,每天风干饲料的喂量为体重的3.5%~4.0%,即每100千克体重给风干饲料3.5~4千克（包括青饲料折算成风干料）;7~8月龄时,为体重的3.0%~3.5%。日粮中的蛋白质含量,5~6月龄时占14%,7~8月龄时占13%。每天应饲喂3次,避免一次采食过多。猪的食欲,一般傍晚最强,早晨较差,而中午最弱,在夏季这种倾向更为明显。因此,在一天内每次的供料量要根据食欲好坏分配,早晨饲喂日粮的35%,中午饲喂25%,傍晚饲喂40%。饲料配方可参考表4-1。

图4-1　实施限量饲养,控制体重

表4-1　后备公猪饲料配方（质量分数,%）

饲料原料	体重/千克		
	20~35	35~60	60~90
玉米	53.5	50.5	43.0
豆饼	25.0	20.0	17.0

（续）

饲料原料	体重/千克		
	20~35	35~60	60~90
麦麸	10.0	15.0	8.5
高粱糠	10.0	10.0	27.6
谷糠		3.0	2.6
外加青料		（0.5千克）	（1.0千克）
贝粉	1.0	1.0	0.9
食盐	0.5	0.5	0.4

（3）后备公猪的管理　除要求栏舍经常保持清洁卫生，以及有适当的温度和湿度外，还应注意其他方面的工作。一般4月龄左右应和母猪分开饲养，防止过早地交配。后备公猪已经达到性成熟，具备繁殖能力，但其整个身体尚在发育，如果这时过早配种，势必影响其本身发育。另外，后备公猪还应按其大小、强弱、性情、吃食快慢等分成小群饲养，防止强夺弱食，使之发育整齐。

加强运动，对后备公猪非常重要，不仅可以锻炼身体，促进骨骼和肌肉的正常发育，保证有结实匀称的体形，防止过肥或肢蹄不良，还可增强体质和性活动的能力。猪舍均应有运动场使猪自由运动，或者进行放牧运动（图4-2），减少在猪舍内闲待的时间。后备公猪达到性成熟

图4-2　后备公猪的放牧运动

年龄以后，会烦躁不安，经常互相爬跨，不好好吃食，生长迟缓，这时可单圈饲养。

二、种公猪的饲养与利用

俗话说："母猪好好一窝，公猪好好一坡。"饲养好种公猪是十分重要的（图4-3）。这说明，一个猪场，种公猪的数量很少，但其作用却很大。为此，必须对种公猪进行科学的饲养管理和合理的利用，要经常保持营养、运动和配种利用三者间的相对平衡。如营养丰富而运动和利用不足，或营养丰富而运动和利用过度，都会造成性欲下降和配种能力不强的后果；如营

图4-3　种公猪

养不良且利用过度，种公猪就会过于消瘦，甚至会丧失性欲和配种能力。

1. 种公猪的饲养

由于种公猪配种射精量大，在正常情况下，成年公猪一次射精量平均为250毫升，最高者可达900毫升，这大大地高于其他种公畜。种公猪的交配时间长，一般为5~10分钟，时间长的可达20分钟以上，这要比其他家畜长得多。因此，种公猪在交配时间内消耗体力很大；精液中蛋白质的比例也大，大约占干物质的60%以上。因此，种公猪需要喂给营养比较丰富的饲料，特别是蛋白质含量要高。

常年配种的种公猪，应经常保持较高的营养水平，使其常年保持旺盛的配种能力；而实行季节性配种的种公猪，在配种一个月前就应逐渐增加营养，日粮中的蛋白质可占15%左右。在配种季节过后，可逐渐降低营养水平，但应满足能维持种用体况的营养需要。

种公猪的日粮应以精饲料为主，这种日粮可提高精液品质，增强受精能力及后代仔猪的生命力。对于种公猪的营养需要，首先应供给足量的能量，配种季节能量的供应量应在非配种季节供应量的基础上增加25%，以满足体力消耗的需要，同时对增加精液量和提高精液品质也有一定作用。

蛋白质对增加精液量，提高精液品质和种公猪的配种能力有很大作用。如果日粮中蛋白质不足，会造成精液量减少，精子密度稀、发育不完全和活力差，使所配母猪受胎率下降，甚至丧失配种能力。因此，在搭配种公猪的日粮时，必须重点考虑蛋白质含量。实行季节配种的种公猪，日粮中的蛋白质应在15%左右；常年配种的种公猪，日粮中蛋白质可适当减少，但要做到常年均衡供应。为了提高蛋白质的利用率，应使多种蛋白质饲料搭配利用，如各种饼类饲料、豆科青饲料以及动物性饲料混合饲喂。动物性饲料如小鱼、小虾、鱼粉、鸡蛋等，可因条件而选用，对提高种公猪精液的数量和质量效果特别显著，精子的密度增加，畸形精子大大减少。这是因为动物性蛋白质中必需氨基酸完全，蛋白质生物学价值高，能极大促进精子的形成和发育。

维生素对种公猪的健康和精液品质关系密切。如果日粮中缺乏维生素A时，种公猪性欲不强，精液品质下降或不产生精子，生殖机能减退或完全丧失。如缺乏维生素D，会影响种公猪对钙、磷的吸收和利用，间接影响精液品质。如果缺乏维生素E，则睾丸发育不良，精子衰弱或畸形，受精能力减退。如果缺乏维生素B_1和维生素B_2时，能引起睾丸萎缩及性欲减退。胡萝卜、南瓜及优质的青绿多汁饲料中含有丰富的胡萝卜素、维生素E、维生素B_1和维生素B_2。如果种公猪的饲料中有适量的青绿多汁饲料，就不会缺乏维生素。维生素D在饲料中含量不多，但在晒制较好的干草中含量较多。如果种公猪每天能晒到太阳，紫外线可使皮下7-脱氢胆固醇转化成维生素D_3，不会缺乏维生素D。在冬季当缺乏青绿饲料时，可补充成品维生素，以满足维生素的需要。

矿物质对种公猪精液品质和健康有较大影响。日粮中缺钙，精子发育不全，活力不强；缺磷会引起生殖机能衰退；缺锰会产生异常精子；缺锌会使睾丸发育不良和精子生成完全停止；缺硒会引起贫血，精液品质下降，睾丸萎缩退化。各种青绿饲料和干草粉中含钙较多，糠麸饲料中含磷较多，但仍不能满足种公猪的需要，在搭配饲料时还应另外补充一定数量的骨粉、贝壳粉、蛋壳粉、碳酸钙等矿物质饲料。如果猪圈中垫土或猪进行放牧时，一般不会缺乏微量元素，如果猪圈是水泥地面且不垫土时，日粮中就要补充微量元素添加剂。

在配制种公猪的日粮时，应注意使饲料种类多样以增强其适口性，但日粮的容积不宜过大，以防止种公猪垂腹，影响配种。

饲喂种公猪应定时定量，控制种公猪的饲喂量（图4-4），防止一次喂量过大。采用生饲干喂或稠喂的方法，应供给充足饮水，每天喂2~3次。

适用于种公猪的饲料配方见表4-2，以供参考。

图4-4 控制种公猪的饲喂量

表4-2 种公猪的饲料配方

饲料原料	配种期			非配种期		
	配方1	配方2	配方3	配方1	配方2	配方3
玉米	50.2	35.0	34.8	65.0	38.3	31.0
大麦	4.8	27.9				
大米	17.9					
小麦				4.2		
高粱		21.0	8.9		3.7	5.0
麸皮	6.0		10.8		14.7	12.0
酒糟			14.6		18.8	18.0
青贮玉米			6.5		7.6	16.0
大豆	5.2	12.9		2.8		
豆饼			19.7	25.9	11.1	6.0
葵花籽饼	8.8		2.4		3.7	10.0
鱼粉	6.3	2.7				
骨粉			0.9	1.0	0.7	0.7
贝壳粉			0.9	0.5	0.7	0.7
食盐	0.8	0.5	0.5	0.6	0.7	0.6

2. 种公猪的管理

合理的管理对保证种公猪的健康和配种能力很重要。种公猪的管理，除了经常保持圈舍的清洁干燥、阳光充足、空气流通和冬暖夏凉，使之有良好的生活环境，还应做好以下几方面的工作。

（1）加强运动　合理地运动可促进食欲，增强体质，提高繁殖机能。因此，在非配种期间要加强运动，在配种期间也要适度运动（图4-5和图4-6）。一般上、下午各运动1次，每次1小时，速度不可太快。有条件的可结合放牧运动。夏季应在早晨和傍晚进行，冬季宜在中午进行。如遇到严寒或酷热等不良天气应停止运动。

（2）保持猪体清洁　最好每天用硬毛刷对猪体刷拭1~2次（图4-7），除了可以防止皮肤病、体外寄生虫（疥癣、虱子等）外，更重要的是通过刷拭皮肤，可增强血液循环，促进新陈代谢。在炎热的夏季，每天可让种公猪在浅水池内洗浴1~2次，或用水淋浴。

图4-5　种公猪放牧运动

图4-6　利用专用运动场使种公猪运动

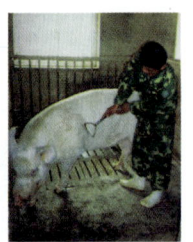
图4-7　用硬毛刷刷拭种公猪

（3）定期修蹄　要注意对种公猪的蹄子进行修整，以利于配种，并防止种公猪蹄裂划伤母猪的皮肤（图4-8）。

（4）定期称重　种公猪应定期称重，了解其体重的变化，防止过肥或过瘦，以便调整日粮的营养水平。成年种公猪应维持其体重相对不变。

（5）定期检查种公猪的精液品质　种公猪无论是本交还是人工授精，都要定期检查精液品质（图4-9），特别是在配种准备期和配种期，最好每10天检查一次精液品质，以便调整营养、运动及配种强度，使之有健康的体质和优良的配种效果。

（6）实行单栏饲养　成年种公猪一般单栏饲养，并离开母猪圈，这样可使其安静，减少干扰，食欲正常，以免相互咬架、相互爬跨和发生自淫现象（图4-10）。

（7）建立正常的饲养管理日程　对种公猪要建立一个正常的饲养管理日程，有条不紊地安排好种公猪的饲喂、饮水、放牧、运动、刷拭、休息等，使种公猪养成良好的生活习惯，以使其健康，提高配种能力。

图 4-8　种公猪蹄裂

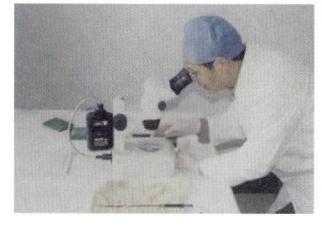
图 4-9　显微镜检查种公猪的精液品质

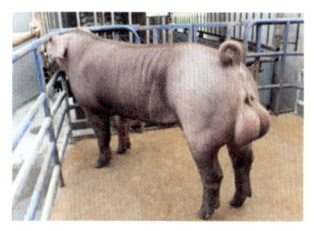
图 4-10　种公猪单栏饲养

（8）防止种公猪出现自淫现象　产生自淫的现象原因很多，如由于种公猪曾见到过其他种公猪配种；发情母猪跑到种公猪圈门口引逗种公猪；种公猪圈离母猪圈太近，母猪发情的叫声或发情的气味逗引了种公猪；两头种公猪从小养在一起，从小就相互爬跨、射精等。自淫的表现是种公猪趴在墙上射精，或趴在其他种公猪身上射精，甚至会趴在猪饲槽上射精等。解决的办法是种公猪远离母猪圈；种公猪圈门要严密，使其看不见外面的情况；实行单栏饲养；种公猪圈围墙要高，使其爬不上墙头；饲槽可设在圈外；加强运动，一天两次，而且路程要足够远。

（9）防止种公猪咬架　健壮的种公猪咬架很凶，如果无人制止，最后不是一死一伤，就是两败俱伤。如果正值配种季节，将直接影响配种任务的完成。如遇种公猪咬架，可用木板等物将两头种公猪隔离开，再分头赶走种公猪；或者是点一把火放在两头种公猪之间，种公猪受惊后也会分开。千万不可硬打，以免伤害种公猪。重要的是，平时要做好预防工作，如种公猪圈的墙要高而坚固；栏门要严密结实；运动和配种时要防止两头种公猪相遇；最好的办法是从小把留作种用的后备公猪的犬齿打掉。

（10）注意解决种公猪无性欲问题　种公猪过肥、过瘦都会造成无性欲。种公猪过肥是由于营养水平过高或配种过晚或配种强度过小或运动量过小造成的。解决的办法是过肥时，要减料撤膘，加大运动量，适当多喂些青绿多汁饲料；过瘦时，要加强营养，如多加些饼类饲料和动物性饲料如鱼粉等；配种不可过晚；把发情旺盛的经产母猪赶到种公猪圈内，让发情母猪挑逗种公猪。此外，还可注射脑下垂体前叶激素或维生素E，也能提高种公猪的性欲。

（11）防止种公猪尿血　种公猪配种过早，生殖器官还未发育完全；配种次数过多，龟头微血管破裂而流血等，都能造成种公猪尿血。发生尿血后，应立即停止配种，休息一个月，在此期间要多喂些饼类饲料和动物性饲料如鱼粉、鸡蛋等，另外再加喂一些品质好的青绿多汁饲料。等恢复健康后，要严格控制配种次数，否则如果再发生尿血现象，就不易调理了。

一般来说，一个猪场生产水平的高低，主要是看种公猪的饲养管理水平。一头好的种公猪，外表特征具有不肥、不瘦、四肢强健、肌肉发达、肚子不大、精力充沛，配种能力强等特征。

3. 种公猪的合理利用

种公猪利用的好坏，不仅影响到它的配种能力、配种效果，而且还影响到种公猪的利用年限。

（1）配种年龄和体重　小公猪的初配年龄，因品种、气候和饲养管理条件不同而有区别。地方品种为 8~10 月龄，体重为 75 千克左右；国外引进品种和培育品种在 10~12 月龄，体重达 90~100 千克时开始配种较好。配种过早，会影响种公猪本身的生长发育，从而缩短种公猪的利用年限，还会影响后代的质量；过迟，则种公猪膘肥、体大、行动笨重，配种不便，而且性欲也不会旺盛。

（2）利用强度　种公猪的配种强度要适当地控制，如配种利用过度，会显著地降低种公猪的精液品质，使受胎率下降；如长期不配种，则会使种公猪的性欲减退，精液品质也差，造成母猪的受胎率不高。初配青年种公猪每周配 2~3 次为宜；成年种公猪每天配种 1 次，必要时每天配 2 次，时间间隔要在 8 小时以上，连续配种 1 周要休息 1 天。

（3）公、母猪的比例　一个猪场中，公、母猪的比例要适当，比例过大，种公猪负担过重，影响种公猪的体质和受胎率；比例过小，种公猪负担过轻，是一种浪费。实行季节性产仔和本交的猪场，1 头种公猪可负担 15~20 头母猪的配种任务；实行分散产仔的猪场，1 头种公猪可负担 20~30 头母猪的配种任务；实行人工授精，1 头种公猪一年可负担 600~1000 头母猪的配种，有时还可更多。

（4）配种时注意的问题　配种的环境要安静，地面要平坦，并远离种公猪舍，以免配种时影响其他种公猪的情绪。配种时不要让旁人围观、说笑。种公猪初次配种，应选择发情好、性情温驯的发情母猪，经几次训练后再与初配母猪交配，避免母猪咬种公猪而造成种公猪性欲下降，甚至不易交配。还应注意饲喂前后 1 小时内不宜配种，配种后不应立即饮冷水和洗浴。

此外，如果种公猪当时的配种任务大，可一次先后和两头母猪交配，因为种公猪的射精量大，配种时间长，且是两次射精。其方法是看到种公猪将阴茎插入母猪阴道后，快速地前后抽动数次，公猪趴在母猪背上不动，臀部肌肉收缩，尾巴煽动几次后，再行前后抽动时，便将母猪向前拉动，公猪跟不上就落下地来，再让公猪和第二头母猪进行交配。

第二节　后备母猪的饲养管理

后备母猪的培育，目的是使母猪躯体各部位发育良好，能正常发情。

一、后备母猪的选择

（1）后备母猪的选择原则　后备母猪的选择除按种公猪一般选择方法和基本要求外，还要求乳头发育整齐、有效乳头在7对以上，淘汰有异常乳头（内翻乳头、瞎乳头、小乳头）的个体；外生殖器发育正常；后躯要宽大。配种前要淘汰发情缓慢或因繁殖疾病而不能作种用的母猪。

（2）后备母猪的选择时间和标准

1）2月龄或断奶时的选择。断奶时，青年母猪可按预留数的3~5倍预留。以自身表现为主，亲代成绩为辅。先进行窝选，然后再选择。

窝选时，一般要求长得快，体重大，发育好，肢蹄健壮，品种特征明显，有7对以上排列整齐的乳头的断奶仔猪，没有遗传缺陷（图4-11）。

2）4月龄时的选择。4月龄时主要是结合本身发育，以2~4月龄的平均日增重为主，当时的体重为辅，再结合其同胞的日增重及体重（要高于全群均值），参考亲代表现，淘汰那些生长发育不良、不符合要求的个体。一般要留下50%左右。

3）6月龄时的选择。6月龄时，母猪的各个组织器官已有了相当发育，优缺点更加突出，可按4月龄的选择原则严格选择，根据母猪的体形外貌、生长发育、性成熟表现、背膘厚薄等性状进行严格的选择（图4-12）。

图4-11　选留发育好，品种特征明显，有7对以上排列整齐的乳头的断奶仔猪

图4-12　选留生长发育良好、品种特征明显的后备母猪

4）8月龄时的选择。按4月龄的选择原则根据6~8月龄的平均日增重，结合体长与生产性能发挥有关的外形及健康状况，再选留一次。淘汰个别性器官发育不良、发情周期不规律、发情征状不明显的后备母猪。

二、后备母猪的培育

后备母猪也要和后备公猪那样根据其生长发育规律和目标要求进行定向培育。尤其是3~5月龄前要特别注意保持较高的蛋白质水平和较好的蛋白质品质，给予较优质的饲养，使骨骼和肌肉都能得到充分发育。以后可以适当降低精饲料量，增加青、粗饲料的供给。但总的营养水平不应降得过多，而在配种前再给予较高的营养水平，施行"短期优饲"。采取这样的饲养方式，后备母猪既可以充分发育，体质结实而又不过肥。应当避免在后备母猪生长强度大的前期精饲料供给过少，尤其是蛋白质水平低，形成"吊架子"，而后期又单纯为了达到体重指标，增加精饲料量，这样做体重可能达到指标要求，但因前期发育受阻，骨骼和肌肉发育差，结果育成的后备母猪体躯短粗、肥胖，体质也不结实，降低或失去了种用价值。培育后备母猪时，必须多喂些优质的青绿多汁饲料和适当的优质干草粉，以促进骨骼、肌肉的发育，并能增大母猪胃肠的容积，以适应将来哺乳仔猪时食量大的需要。培育后备母猪的日粮营养水平可比后备公猪的日粮营养水平低些。后备母猪的饲养方案及日粮结构参见表4-3、表4-4。

表4-3 后备母猪的饲养方案

月龄		2	3	4	5	6	7	8
预计体重/千克	大型品种	20	30	45	60	80	100	130
	中型品种	15	25	35	50	65	80	100
	小型品种	10	20	30	40	50	60	80
干饲料日给量占体重（%）		5.0		4.5	4.0	3.5	3.5	3.0
粗蛋白质（%）		17		14	14			13
日喂次数		5		4		3	3	3

表4-4 后备母猪的日粮结构

饲料原料	自由采食		限制饲养	
	配方1	配方2	配方1	配方2
玉米、高粱（含粗蛋白质8%）	30	30	67.5	10
麦类（含粗蛋白质12%）	30	30	10.0	10
薯类（含粗蛋白质3%）				40
苜蓿干草（含粗蛋白质17%）	30	25	5.0	20
豆饼（含粗蛋白质36%）	10	15	17.5	20

注：维生素、矿物质添加剂另加

在对后备母猪的管理上也不像管理后备公猪那样困难，管理制度可不那么严格。但要加强运动（图4-13），要注意观察和记录后备母猪的初情期和发情表现，结合对猪体的刷拭，可多接近后备母猪，做到人猪"亲合"，使后备母猪性情温驯，便于以后预防注射、配种、接产和哺育仔猪等生产环节的管理。

三、后备母猪的适时配种

青年母猪长到一定年龄,就会表现发情征状,但因其生殖器官仍在继续生长发育,这时称为初情期。以后,生殖器官基本发育完全,具备了繁殖能力,这时叫性成熟。母猪性成熟的年龄,随品种、气候和饲养管理条件而有所不同。母猪的初情期为3~6月龄,性成熟期为5~8月龄。

图4-13 加强后备母猪的运动

后备母猪达到性成熟后,虽然有繁殖能力,但由于本身仍在比较迅速地生长发育,如果开始配种,不仅阻碍它的生长发育,降低其将来的生产性能,而且其后代瘦小、体弱个体多,死胎也多。

初配年龄,应在其外形已具备成年猪的特征,体重达到成年体重的50%~60%时比较合适。一般地方品种为5~6月龄,引进品种和培育品种为8~12月龄。

四、母猪的性周期和最佳配种时间

母猪是常年发情的家畜,可以常年配种繁殖。

(1)母猪的发情征状 母猪发情时,开始外阴红肿,逐渐增强,肿胀达最强时,阴门流出乳白色水样的黏液。开始时,举动没有什么变化,后来表现不安、鸣叫、食欲减退;到中期,食欲显著下降,甚至完全不食,来回走动,鸣叫、拱地、啃圈门,企图跳圈,频频排尿,爬跨同圈内的其他母猪。阴门掀动,触摸其背部则举尾不动,愿接近公猪。以后,征状逐渐减轻。有些引进品种或培育品种(如长白猪)发情征状不明显,往往只是阴门肿胀,充血潮红。所以,对这类猪应认真观察,适当早配。

(2)发情周期和发情持续期 从第一次发情开始到第二次发情开始为一个发情周期。一般发情周期为16~25天,平均为21天。母猪有发情表现的时间称为发情持续期,一般为3~5天。

(3)母猪的发情鉴定 根据母猪发情期内的外观征状,可以把它分为四个时期,即发情初期、高潮期、适配期和低潮期。

1)发情初期。这一时期母猪阴门肿胀,黏膜湿润,外观上主要表现出性兴奋、爬圈或爬跨其他猪等行为(图4-14)。

2)高潮期。这一时期母猪表现更兴奋不安,嚎叫,在圈内起卧不安,阴门及阴蒂肿胀更加明显(图4-15),频繁排尿,爬圈或爬跨同圈母猪。但不会安静地接受爬跨。

3)适配期。这一时期母猪神情表现呆滞,阴门肿胀度减退,出现皱褶,黏膜颜色呈紫红或暗红,黏液变稠。按压母猪腰荐部时,表现安静不动(又称静止反射),这就是适配期（图 4-16）。

图 4-14　母猪发情初期爬跨其他猪　　图 4-15　母猪发情高潮期阴蒂肿胀　　图 4-16　母猪发情适配期静止反射

4）低潮期。这一时期母猪食欲恢复正常，阴门收缩，红肿消失，拒绝公（母）猪爬跨，发情逐渐终止。

（4）**最佳配种时间**　母猪可终年配种。为了使母猪能年产两胎或两胎以上，就必须掌握公、母猪适时交配的时间，因为交配时间是否适当，是决定母猪受胎率高低和产仔数多少的关键。要做到适时配种，首先要掌握母猪发情排卵规律，并根据两性生殖细胞在母猪生殖道内存活的时间，全面地加以考虑。

公、母猪交配后，精子和卵子是在输卵管上端结合。一般母猪在发情开始后 24~36 小时排卵。排卵持续的时间长短不等，一般为 10~15 小时，卵子在输卵管中具有受精能力的时间为 8~12 小时。公猪排出的精子在母猪生殖道内一般可存活 10~20 小时。据此推算，配种适宜的时间，是母猪排卵前 2~3 小时，即发情开始后的 19~33 小时。若交配过早，当卵子排出时，精子已失去受精能力；若交配过晚，当精子进入母猪生殖道内，卵子已失去受精能力，两者均会降低受精率，即使受精，也会因合子的活力不强而易中途死亡。

为达到适时配种的目的，在生产实践中要认真观察母猪发情开始的时间，并做到因猪而异。我国地方猪种的母猪发情征状明显，但老龄母猪发情的时间较短，配种时间可适当提前；年轻母猪发情的持续时间长，配种时间可适当推迟。经验是"老配早，小配晚，不老不小配中间"。国外培育品种，发情征状不明显，而且持续时间短，宜早配。

可根据母猪发情的外部表现和行为掌握适宜配种的时间。当母猪阴门红肿刚开始消退和呆立不动时，正处于排卵期，是配种的最佳时间。

一般老龄母猪在发情的当天就可配种，中年母猪在发情的第二天配种，青年母猪在发情后的第三天配种较为适宜。配种时间因品种不同而有区别，一般我国地方品种配种时间在发情后的 2~3 天，培育品种在发情后的第 2 天配种，杂交猪在发情后的第 2 天下午到第 3 天上午配种比较适宜。

根据经验，一般母猪在下午配种，产仔的时间多在白天。

（5）母猪的产后发情　母猪产后第一次发情在产后 2~5 天内，但常常不排卵，虽配种也不受胎。多数母猪在仔猪断奶后 3~5 天发情。营养不良或老龄母猪产后发情的时间较晚，往往推迟至仔猪断奶后 10~15 天或更晚一些时间。产后配种的适宜时间为产后 50 天左右，因为这时母猪的生殖器官已逐渐恢复正常。

五、母猪的交配方式和方法

根据猪场的条件，按母猪在一个发情期内的配种次数，可分为以下几种配种方式。

（1）单次配　指在母猪的一个发情期内，只用一头公猪交配一次。这种方式在适时配种的情况下，也能获得较高的受胎率，并减轻了种公猪的负担。缺点是一次配种不太保险，一旦掌握不好配种时机，受胎率和产仔数都受到影响，在生产中一般不提倡这种配种方式。

（2）重复配　指在母猪的一个发情期内，用同一头种公猪先后配种两次。两次间隔时间为 8~24 小时，即上午配一次，下午再配一次，间隔 8 小时；或下午配一次，第二天上午再配一次，间隔 12 小时；或上午（或下午）配一次，第二天上午（或下午）再配一次，间隔 24 小时。这种方式比单次配种的受胎率和产仔数都高。因为在母猪的整个排卵期内让输卵管内经常保持有活力的精子，可以使卵巢内先后排出的卵子都能得到受精的机会。在生产中，大多数猪场对经产母猪都采用这种方式。

（3）双重配　指在母猪的一个发情期内，用同一品种或不同品种的两头种公猪，先后间隔 10~20 分钟各配一次。这种方法，能引起母猪强烈性兴奋，而使卵子加快成熟，缩短排卵时间，多排卵，使母猪多产仔；由于排卵时间缩短，卵子能在短时间内受精，仔猪发育整齐；由于卵子可选择两头种公猪精液中最合适的一种精子受精，增加了受精卵的健全程度，仔猪生活力强。商品肉猪场可采用这种方式，种猪场、育种场不宜采用，以免造成血统混乱。

（4）多次配　指在母猪的一个发情期内，用同一头种公猪交配 3 次或 3 次以上。3 次配种适合于初产母猪或某些刚引入的国外品种。配种次数过多，造成公、母猪过于疲劳，从而影响性欲和精液品质，因此，应注意避免。

配种方法有本交和人工授精两种。让发情母猪与种公猪直接交配叫本交。如果母猪和种公猪的个体相差不大，一般交配没有困难。但是，如果母猪和种公猪的体格相差很大，交配困难，就需要人工辅助。应先将母猪赶到交配地点，然后赶入配种计划指定的配种公猪。让个体小的母猪站在斜坡的高处，让个体大的种公猪站在低处。当种公猪爬到母猪背上时，可把母猪的尾巴拉向一侧，以使公猪的阴茎顺利地插入母猪的阴道内，必要时可用手握住种公猪包皮引导阴茎插入母猪阴道。然后根据种公猪肛门附近肌肉的波动情况,判断种公猪是否射精及射精时间的长短。母猪配种后应立即赶回原圈休息,以防精液倒流,或让母猪站在斜坡上,头部向下多待几分钟,再赶母猪回圈。配种后要及时做好配种记录,以作为饲养管理人员进行正确饲养管理的依据。

六、母猪配种后的妊娠检查

母猪配种后是否妊娠,以早确定为好。如已妊娠,则应给予相应的饲养管理条件,促进胚胎的着床与发育;若没妊娠,应及时采取措施,促进发情,再行补配,防止空怀。

1. 妊娠期早期检查的方法

(1)看发情　在一切正常的情况下,母猪配种后,20多天不再出现发情,即认为已经基本配准;等到第二个发情期,仍不发情,就可认为已妊娠。个别母猪妊娠后,有时会表现发情征状,此种发情称作假发情。

(2)看行动　凡配种后表现安静、贪睡、吃得很香、食量逐渐增加,容易上膘,皮毛日益光亮并紧贴身躯,性情变得温顺,行动稳重,阴门收缩,阴门下联合向内上方弯曲,腹部逐步膨大,即为妊娠的象征。

(3)验尿液　早晨采母猪尿10毫升,放入试管内。猪尿的比重在1.025~1.1之间,如果尿液过浓,应加水稀释。一般母猪的尿呈碱性,应当加点醋酸,使其变成酸性,然后滴入碘酊,在酒精灯上慢慢加热。当尿液快烧开时,就出现颜色的变化。如果是妊娠母猪,尿液由上而下出现红色,由玫瑰红变为杨梅红,放在太阳光下看更明显;如果未妊娠,尿液呈浅黄色或褐绿色,尿液冷却后,颜色很快就消失。

(4)超声波诊断　利用超声波妊娠诊断仪诊断。目前超声波妊娠诊断仪有两种,一种是屏幕式,价格较贵,体积略大;一种是探头式,价格较低,体积较小,携带方便(图4-17)。在母猪配种18天左右,把超声波妊娠诊断仪的探触器(探头)贴于猪肷部体表,根据机体在荧光屏上出现的光束和音响判断是否妊娠(图4-18)。

图4-17　探头式超声波妊娠诊断仪

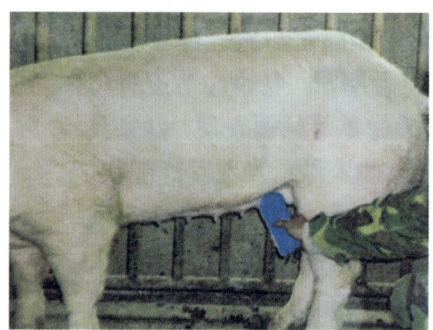

图4-18　妊娠诊断

2. 母猪假发情的防治措施

母猪配种后已妊娠，在下一个发情期又出现发情表现叫假发情。

要注意假发情与真发情的区别。假发情没有真发情那样明显，发情时间也短，1~2天就过去了；母猪的尾巴自然下垂或夹着尾巴走，而不是举尾摇摆；假发情的母猪不再让公猪爬跨。

为了防止母猪出现假发情，要加强母猪妊娠后期的饲养，营养要充足，使母猪达到九成膘以上；加强母猪泌乳初期的营养，使母猪在仔猪断奶后保持中等膘情；进行短期优饲，改善母猪配种前后和妊娠初期的营养状况，这是预防母猪假发情的根本措施。另外，预防和治疗母猪生殖道疾病，做好早春的防寒保温工作，多喂青绿多汁饲料，也是防止假发情的有效措施。

第三节　妊娠母猪的饲养管理

一、猪的妊娠期与胚胎发育

母猪配种后胎儿在母体子宫内的发育过程称为妊娠，从母猪配种受胎到分娩的间隔时间称为妊娠期。

母猪在妊娠期间，由于胎儿的生长发育，子宫及其他器官的发育，以及为了产后泌乳进行营养物质的贮备，体内的新陈代谢变得旺盛，食欲增加，消化力增强，毛光膘好，体重增加较快。母猪的妊娠期一般为111~117天，平均为114天。但其准确时间因品种、个体、饲养条件不同而有所差异，如母猪在产仔多和营养比较好的情况下，产仔会提前，若产仔少或营养条件较差时，妊娠期可能延长。

推算母猪预产期的简便方法有两种：一种是"三、三、三"推算法，即母猪的妊娠期为三个月三周零三天，在配种时期上加上3个月3周零3天即成。例如，一头母猪是5月10日配种的，那么，5月+3月=8月，10日+3×7日+3日=34日，30日作为一个月，则预产期是9月4日。另一种是"进四去六"推算法，就是在配种的月份上加4、在日数上减去6。仍用上个例子推算，5月+4月=9月，10日-6日=4日，预产期也是9月4日，两种推算方法结果相同。

妊娠期胚胎的生长发育是有规律的。在妊娠初期，受精卵在输卵管时期呈游离状态，以后向子宫方向移动，通过孕酮（黄体酮）的作用，受精卵附植于子宫角上，并在周围形成胎盘，这个过程需要12~24天。受精卵在第9~13天内的附植初期，易受各种因素的影响而死亡，这是胚胎死亡的第一个高峰期。到妊娠后3周，又有少量胚胎死亡。妊娠后60~70天，胎盘停止生长，而胎儿此时生长发育的速度加快，胎儿与胎盘在生长发育上产生矛盾，胎儿得不到充足的营养，又有部分胎儿死亡。故一般母猪排出的卵子，大约有一半能在分娩时成为活的仔猪。妊娠越接近后期，胎儿生长越快。据测定，初生仔猪的体重，约有60%是在妊娠最后的20~30天增长的，所以加强母猪在妊娠末期的饲养管理是保证胎儿生长发育的关键。据研究，影响胚胎死亡的因素很多，如遗传、排卵数与子宫容积、子宫感染、体格大小、胎儿在子宫角内的位置、激素等。对于遗传因素造成的死亡，在目前的情况下还无法挽救。但通过合理的饲养管理，可以减少一些胚胎死亡。如在夏季，妊娠的前3周保持环境凉爽，可以减少胚胎的死亡。

妊娠期内母猪的身体变化也是有规律的，如胎儿发育时，母体内可产生垂体前叶生长激素，这种激素对母体本身的蛋白质合成有促进作用；胎儿的生长发育必须依靠母体供应营养，因此母猪过肥过瘦都可影响胎儿。母猪在妊娠期间，前期比后期增重多。妊娠前期受激素的影响，代谢率上升，处于"妊娠合成代谢"状态，母猪表现为背膘增厚。到妊娠后期，由于胎儿发育迅速，而胎儿合成代谢的效率又低，要消耗大量的能量，加上母猪腹腔容量变小而降低了采食量，食入的营养满足不了支出的营养需要，势必动用妊娠前期所贮存的营养，因此妊娠后期处于"降解代谢"状态。

二、妊娠期营养水平的控制

母猪在妊娠期的营养水平要根据其生理变化而调整。

1. 母猪妊娠期的两个关键时期

（1）第一个关键时期　在母猪妊娠后的20天左右。这个时期是胚胎逐渐形成胎盘的时期。在胎盘形成前，胚胎容易受到环境条件的影响，在饲养管理上要给予特殊的照顾。如果饲料中营养物质不完善或饲料霉烂变质，就会影响胚胎的生长发育或发生中毒而死亡。如果饮了冰水或吃了冰冻饲料，母猪发生流产有时还不易发现。因此，妊娠初期的第一个月，应给予营养全面的日粮。至于日粮的数量，因这个时期胚胎和母猪体重的增加得较缓慢，不需要额外增加。

（2）第二个关键时期　在母猪妊娠后的90天以后。这个时期胎儿生长发育和增重特别迅速；母猪同化能力强，体重增加很快，所需营养物质显著增加。另外，由于胎儿体积增加迅速，子宫膨胀，消化器官受到挤压，消化机能受到影响。因此，这个时期要逐渐减少青、粗饲料，增加精饲料，特别是增加含蛋白质较多的饼类饲料，最好增加一部分动物性饲料。这样，才能满足母猪体重和胎儿迅速生长发育的需要，又适应消化器官处在非常时期的特点。为做好保胎工作，严禁喂冰冻饲料和饮冰水。

2. 母猪妊娠期的日粮

如果母猪在妊娠期内从日粮中得到的营养物质不全面或数量过少,不仅胚胎生长发育受影响,而且贮备的营养也少,对初产母猪来说,还会影响本身的生长发育。

妊娠母猪日粮中的能量可适当地控制,这样既可以防止胚胎早期死亡,保持有较多的产仔数,又可使仔猪有较大的初生个体重。在限制能量水平的前提下,日粮中的蛋白质可保持在13%。日粮中蛋白质供应充足,母猪产仔多,仔猪初生重大,死胎、弱胎大大减少。鱼粉含必需氨基酸多而完全,有条件应注意供给。初配妊娠母猪由于本身还在生长发育,对蛋白质的需要比成年妊娠母猪多1/5~1/3。矿物质是保证母猪身体健康、胎儿生长发育所必需的,在母猪妊娠期间必须补充常量和微量元素,以保证母猪能产出更多、更健壮的仔猪。维生素是保证母猪健康和促进胎儿生长发育所必需的营养物质,缺乏时,会使母猪繁殖机能下降、产仔数减少、仔猪畸形等。因此,不间断地供应青绿多汁饲料是十分必要的,冬季和早春当青绿多汁饲料供应不足时,可考虑补充多种维生素成品。

青贮饲料酸度大,带有一定的刺激性,妊娠中期应少喂,妊娠后期应不喂。酒糟中仍残留有一定量的酒精,也不要喂妊娠中后期的母猪,以防引起母猪死胎、流产等。

3. 妊娠母猪的饲养方式

根据妊娠母猪的体况和生理特点,以及胚胎生长发育的规律,一般采用三种饲养方式。

(1)"抓两头带中间"的饲养方式 这种方式适合于配种时较瘦弱、膘情差的经产母猪(图4-19)。一般在母猪妊娠后20~40天,适当增加含蛋白质较多的精饲料,使母猪尽快恢复体力。妊娠中期(41~90天),由于胚胎生长发育和母猪的体重增加较慢,日粮可改为质量较好的青、粗饲料为主,不会有多大影响。到妊娠后期(91~114天),胎儿生长非常迅速,母猪本身需要的营养物质也多,此时应把精饲料增加到最大量。这样,在整个妊娠期间就形成了一个"高—低—高"的营养水平。妊娠后期的营养水平要高于妊娠前期。

(2)"步步登高"的饲养方式 这种饲养方式适合于初产母猪和繁殖力特别高的母猪(图4-20)。因为初产母猪不仅要维持胚胎的营养需要,而且还有本身的生长发育的营养需要。繁殖力高的母猪不仅胚胎需要的营养多,而且还要为泌乳做好充分的贮备。因此,在整个妊娠期内的营养水平,是随胚胎的发育和母猪的增重而逐步提高的,到妊娠后期增加到最高水平。妊娠初期,质量好的青、粗饲料可多些,以后逐渐增加精饲料的比例,整个妊娠期间应注意蛋白质和矿物质饲料的供给,到产前10天日粮可适当减少。

（3）"前粗后精"的饲养方式（图4-21） 这种饲养方式适用于膘情较好的经产母猪。因为妊娠前期胚胎发育慢，母猪膘情又好，且母猪处于"合成代谢"状态，就不需要另外增加营养，日粮可以青、粗饲料为主。到妊娠后期，为满足胚胎迅速生长的需要，且母猪又处于"降解代谢"状态，因此，应适当增加部分精饲料。在整个妊娠期间形成了低—高的营养水平。

图4-19 "抓两头带中间"的饲养方式

图4-20 "步步登高"的饲养方式

图4-21 "前粗后精"的饲养方式

4. 妊娠母猪的饲养技术

妊娠母猪的饲料必须保证质量，饲料的种类不能频繁变换或突然改变。日粮有一定体积，可使母猪有饱腹感，又不会压迫胎儿。日粮的给予量可按每100千克体重给1.5~2.0千克干物质。饲料中可适当增加一些麸皮，以防母猪便秘；严禁喂发霉、变质和有毒的饲料；3个月后要限制青绿多汁饲料和粗饲料的供给。提倡喂稠粥料，也可喂干粉料，但必须有充足、清洁的饮水。一般妊娠前期每天喂2次，妊娠后期每天喂3次。妊娠母猪的饲料配方参见表4-5。

表4-5 妊娠母猪的饲料配方

项目		妊娠前期	妊娠后期
饲料原料（%）	黄玉米	35	35
	豆饼	5	10
	大麦	5	5
	麸皮	5	5
	粉渣	20	20
	青贮饲料	30	25
每天每头喂量/千克		5.0	5.88
折风干料/千克		2.0	2.5
含消化能/（兆焦/千克）		22.34	28.91
含可消化粗蛋白质/克		169	241

三、妊娠母猪的管理要点

母猪妊娠期的管理工作也很重要,其中心任务是保胎,防止母猪流产。

(1)注意运动 母猪妊娠后,一般吃得多、贪睡,开始要让它吃好、休息好,少运动。一个月后要适当运动(图4-22),以增强体质,并有利于胎儿的正常生长发育和防止难产。

(2)猪舍冬暖夏凉 母猪舍适宜的温度是15~20℃,气温在5℃以下时,舍内要铺垫草,尤其是水泥地面容易使母猪受寒而流产,要特别注意。

(3)严禁追打 要防止追赶或持鞭抽打,以免造成流产。

(4)实行单栏饲养 在妊娠前期一个栏内可养2~3头母猪(图4-23),但要注意每头母猪的体重、年龄、性情和妊娠期要大致相同,防止咬架。到产前一个月应以单栏饲养为宜(图4-24)。

图4-22 母猪妊娠一个月后要适当运动

图4-23 妊娠母猪小栏饲养

图4-24 妊娠母猪单栏饲养

(5)舍内要干燥 舍内地面要平坦、清洁、干燥,不可过滑或过于泥泞。

(6)做好疾病防治 以免由于高烧、体表奇痒等原因而造成流产。

第四节 哺乳母猪的饲养管理

一、接产前的准备

为使母猪的分娩更加顺利,得到健壮的仔猪,产前必须做好充分的准备,以免接产时手忙脚乱。

(1)产房的准备 产房要求温暖干燥、清洁卫生、舒适安静。产前5~7天打扫干净,再用3%~5%的苯酚或2%~3%的来苏儿等喷洒消毒(图4-25),墙壁粉刷白灰,地面铺干净的垫草。

(2)用具和药品的准备 用品如记录表格、灯、接产箱、擦布、剪刀、5%的碘酊、2%~5%的来苏儿、结扎线(泡在5%的碘酊中)、电子天平、耳号钳等,要准备齐全（图4-26）。

（3）**猪体的准备** 要先清洗猪体或擦洗乳房和阴门附近，再用2%~5%的来苏儿消毒，产前3~5天送入产房（图4-27和图4-28）。

图4-25 产前消毒产房

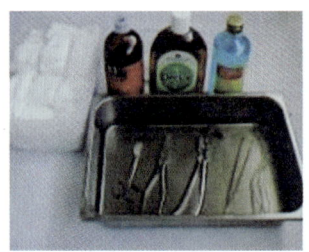
图4-26 接生常用器械物品

图4-27 转群前给母猪洗澡

（4）**产前对母猪的护理** 对膘情好的母猪在产前3~5天减料，并停止喂青绿多汁饲料，以防止乳腺炎或因母猪产后的乳汁过浓而使仔猪腹泻。对膘情和乳房发育不好的母猪，反而要加喂一些蛋白质饲料。

（5）**母猪的临产征状** 临近预产期要注意观察母猪征状，以确定产期，做好准备工作。

1）产前5~7天，母猪乳房膨大，两行乳头呈"八"字形分开，皮肤紧张，初产母猪的乳房还发红发亮（图4-29）。

2）产前3~5天，母猪的阴唇柔软、肿胀、光滑。

3）产前1天，前面的乳头能挤出乳汁；产前6~10小时，最后一对乳头能挤出乳汁；随后母猪起卧不安，频频排尿，还衔草做窝（图4-30）；如躺卧不动，阴门排出羊水，表明很快就要产仔了。

图4-28 冲洗消毒后转入产房

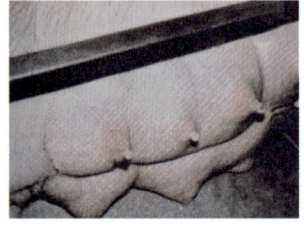
图4-29 母猪临产前乳房变化示意图

图4-30 临产前母猪衔草做窝

二、接产

（1）**接产方法** 仔猪产出后，要马上用食指抠出仔猪嘴和鼻子里的黏液，并用毛巾擦净（图4-31），然后用毛巾将仔猪全身擦干。擦干羊水，是防止水分迅速蒸发而降低仔猪体温。在剪断脐带前，用手指把脐带里的血往仔猪方向挤，然后在离仔猪腹部 5 厘米处剪断（图 4-32）。用碘酊消毒脐带的断端，3~5 天后脐带会自然脱落。若脐带流血不止，应立即用消毒过的扎线扎紧脐带断端。消毒后称重、打耳号（图 4-33）、断尾（图 4-34）、登记，再将仔猪放进产仔箱里。

（2）仔猪吃初乳　如产仔顺利，产完后可一起让仔猪吃初乳。如果产仔时间过长，可分批让仔猪吃初乳（图 4-35）。

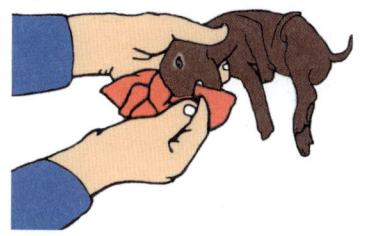

图 4-31　擦拭仔猪口、鼻黏液示意图

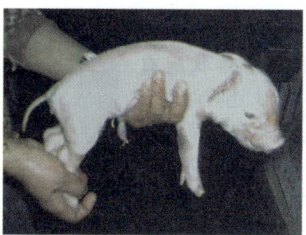

图 4-32　初生仔猪断脐

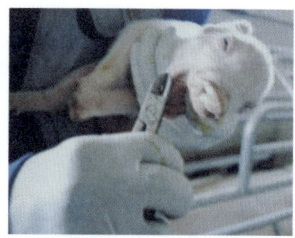

图 4-33　仔猪打耳号

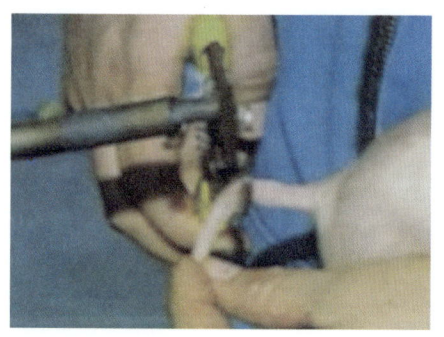

图 4-34　仔猪断尾

图 5-35　让初生仔猪尽早吃初乳

（3）"假死"仔猪的急救　有的仔猪由于各种原因出生后不能呼吸，但其心脏还在跳动，这种仔猪叫作"假死"仔猪，对这样的仔猪应进行抢救。抢救方法有以下几种。

1）人工呼吸法。把仔猪放在垫草上，四肢朝上，用手屈伸两前肢，直到仔猪发出叫声。

2）吹气法。向仔猪鼻内和嘴内用力吹气，促其呼吸。

3）拍打法。提起仔猪的后腿，用手轻轻拍打仔猪的胸部和背部，使其发声（图 4-36）。

另外，如果仔猪产出后羊膜还没破裂，应当及时把羊膜撕破。

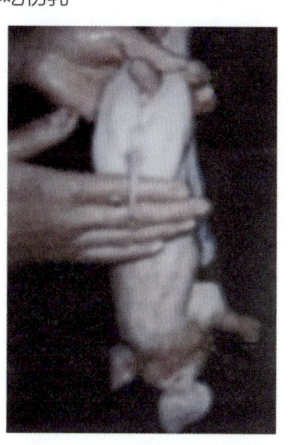

图 4-36　"假死"仔猪倒提拍打抢救法

(4)助产　由于母猪过瘦或过肥等多种原因而发生难产,需要人工助产。助产的方法:一是推,即用双手托住母猪的后腹部,随着母猪的努责,向臀部方向用适当的力推;二是拉,见仔猪出、进时,可用手抓住仔猪的头或腿,随着母猪的努责向外拉;三是掏,可用手(指甲要剪短磨光并消毒)慢慢伸入产道内,先校正仔猪的胎位、胎势、胎向等情况,然后向外掏仔猪,掏后用手把40万国际单位青霉素抹入阴道内,防止母猪患阴道炎;四是注,肌内注射催产素1~2毫升,以上措施不能解决问题时,可以找兽医做剖宫产。

产仔结束后,用来苏儿或高锰酸钾溶液擦洗阴门或乳房,同时清理产房,换垫草,并训练仔猪固定乳头吮乳。

三、母猪的产后护理

母猪在分娩过程中要损失体液,还要消耗很大的体力,要注意护理。

如果分娩时间过长,要喂些稀的热麸皮盐水,补充体力和防止母猪因口渴而吃仔猪。

母猪分娩后,身体疲乏,口渴、不想吃食,不愿活动,这时给热麸皮盐水,不可喂给大量的精饲料,防止消化不良或乳汁过浓而造成乳腺炎和仔猪腹泻;产后第2~3天根据母猪的情况再逐渐增加精饲料;产后一周左右可进入正常饲养阶段。如果母猪体弱或膘情较差,产后泌乳少或无乳,产后第二天就应增加精饲料,尤其是饼粕类饲料,最好加些鱼粉等动物性饲料。

分娩后3~4天,母猪体弱,只可在圈内活动和休息,要特别照顾,以后天好,可再让母猪到舍外活动。

四、母猪泌乳期的饲养

加强母猪泌乳期的饲养,提高泌乳力,是增加泌乳量的关键,是培育好仔猪的基础。

(1)预防顶食　母猪在泌乳期内消化力弱,食欲不好,不应多喂精饲料。如喂料过多,不易消化,容易发生"顶食"。顶食后几天不吃食,泌乳突然减少,仔猪食乳不足,严重时造成死亡。防止顶食的办法,主要是产后一周控制精饲料量,喂稀食,要有一定的青饲料,防止便秘。

(2)增加精饲料的供给　母猪在哺乳期,物质代谢比空怀母猪高得多,因此,要增加精饲料的供给,提高营养水平。一般来说,体重180~220千克的母猪,每天每头喂混合料5.5~6.0千克为宜。蛋白质的合理供给对提高泌乳量有着决定性的作用,一般饲料中粗蛋白质的含量应为15%左右。有条件可加喂些煮熟的胎衣、小鱼、小虾、鱼粉等；还可加入适量的工业氨基酸，提高蛋白质的生物学价值。矿物质的缺乏，也会降低泌乳量，因此，饲料中的骨粉、贝壳粉可占2%或以上，食盐可为1%。维生素对泌乳量和乳的质量也是很重要的，应当多给些青绿多汁饲料。水是乳汁中的主要成分，约占80%，因此要供给充足的饮水。哺乳母猪的饲料配方参见表4-6。

表4-6 哺乳母猪的饲料配方

饲料原料	配合比例（%）	饲料重量及营养含量
黄玉米	40	
豆饼	12	
大麦	5	每天每头喂量：6.95千克
高粱	10	折风干料：4.5千克
麸皮	8	含消化能：60.67兆焦
粉渣	10	含可消化粗蛋白质：573克
青贮玉米	8	
鱼粉	7	

注：另加骨粉2%、食盐0.5%

（3）哺乳母猪的饲养方式　对哺乳母猪可采用"前精后粗"和"一贯加强"的两种饲养方式。

对于一些体质瘦弱的经产母猪一般采用"前精后粗"的饲养方式。因为哺乳的头一个月为泌乳旺期，母猪失重也较大，采取"前精后粗"的饲养方式，既能满足泌乳的需要，也能补偿失重的营养需要。

对初产母猪或哺乳期配种的母猪，则应采用"一贯加强"的饲养方式。因为初产母猪本身的发育还需营养，哺乳期配种的母猪有泌乳和育儿的双重任务，故整个哺乳期均应保持较高的营养水平。

（4）对母猪无乳或泌乳不足的处理　母猪产后因营养不良或管理不当等方面的原因，可能会出现无乳或泌乳不足的情况，应及时解决。除了加强饲养管理外，还可喂些小米粥、豆浆、胎衣汤、鱼虾汤、羊奶等进行催乳，或者使用药物催乳。

五、母猪泌乳期的管理

对哺乳母猪的管理，重要的是保护母猪的乳房，防止乳房损伤，如有损伤，应及时处理。冬季，圈内多铺些垫草，保持其舒适温暖，不要冻伤乳房。每天的工作程序应有条不紊，要保持安静、清洁干燥，使母猪有一个正常的泌乳规律。

哺乳母猪的断奶时间，根据现有的饲料及饲养管理条件，产后28~45天断奶较为适宜。断奶过早，母猪的泌乳高峰尚未达到，仔猪消化机能不强，还不能消化植物性饲料，母猪的生殖器官也没有恢复正常，即使配种，受胎率也不会高，胚胎发育也不会好。因此，产后前3周配种是不适宜的。

第五节　空怀母猪的饲养管理

母猪从仔猪断奶到再次发情配种这段时间称为空怀期。加强这个时期的饲养管理，就能使母猪正常发情、排出数量多且质量好的卵子，使其多胎、高产。

一、空怀母猪的饲养

加强饲养，迅速地增膘复壮，是这个时期的主要任务。

（1）短期优饲　对断奶后瘦弱的母猪，可采用短期优饲的方法，即在受胎前给予的营养水平高些。因为这样的母猪在断奶后不能正常发情、排卵，短期优饲的目的是让其较快地恢复膘情，并能较早地发情、排卵并接受交配，优饲的时间大约在1个月。

（2）满足营养的需要　各种营养的供给充分，可使母猪排卵多，卵子发育好，个大、营养全。这样的卵子易受精，受精后也能正常发育。所以，空怀母猪一般要求日粮中蛋白质占12%，还应补充钙和多种维生素。每头母猪每天可供4~5千克多汁饲料或5~10千克青绿饲料。应增加过瘦母猪的饲喂次数。对过肥母猪应多喂些青、粗饲料，以便上膘，使其及时发情。

二、空怀母猪的管理

正确地管理也是使母猪及时发情的重要方面。实践证明，阳光、新鲜空气和适当运动对促进母猪发情和排卵有很大的好处。因此，舍内要清洁、干燥、温暖。膘情好的母猪要增加舍外活动的时间，可进行放牧，既进行了运动，又呼吸到了新鲜空气，还能进行日光浴，这对于母猪的及时发情意义很大。

第五章
猪的人工授精技术

第一节 公、母猪的生殖系统及功能

一、公猪的生殖系统及功能

公猪的生殖系统主要由睾丸、附睾、输精管、尿生殖道、副性腺体和阴茎等组成（图5-1）。

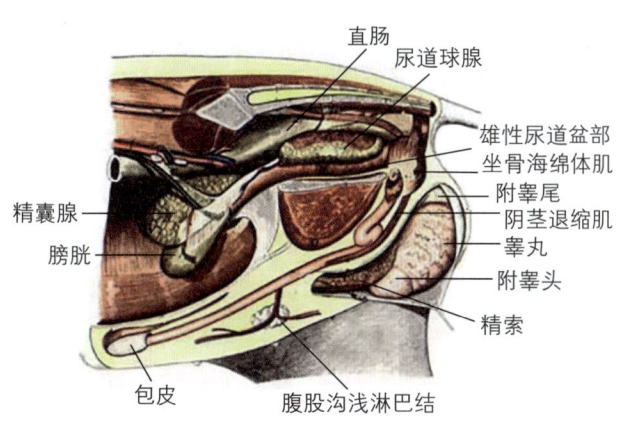

图5-1 公猪的生殖系统

（1）睾丸 睾丸是公猪产生精子的器官。分左右两个，为长卵圆形，外面包裹阴囊。阴囊具有保护睾丸和调节睾丸温度的作用。睾丸的生理功能主要有两个方面。

1）产生精子。精子主要是由曲精细管的上皮细胞经多次分裂而形成，然后经直精细管、睾丸网和睾丸输出管进入附睾。

2）分泌雄激素。曲精细管之间的睾丸间质细胞分泌雄性激素，激发公猪的性欲，维持公猪的第二性征，促进精子的生成及在附睾中成熟。未成年公猪提前去势，会使生殖器官的发育受阻；成年公猪去势后，生殖器官及性行为发生退化。

（2）附睾 附睾为呈新月形的长扁体，紧密地附着在睾丸的边缘上，内含错综盘曲的附睾管，长度可达60多米。附睾分为附睾头、附睾体和附睾尾3个部分，附睾头由附睾输出管形成，呈杯状，可以覆盖睾丸的前 1/3 处。附睾头中的睾丸输出管借助结缔组织互相联结成若干附睾小叶，然后汇集成一条弯曲的附睾管，沿着睾丸的附着缘下行，直径逐渐变细，成为附睾体，最后，在睾丸的后端形成附睾尾。附睾具有 4 个方面的生理功能。

1）运送精子。精子在睾丸和附睾中的运动不是主动的，而是被动的。由于睾丸内液体的压力，精子由睾丸网进入睾丸输出管后，在附睾中，主要借助于纤毛的摆动和附睾管壁肌肉的蠕动将精子从附睾头运送到附睾尾。精子通过附睾的时间为 9~12 天。

2）浓缩精子。附睾具有吸收水分的作用，而这种作用主要在附睾头和附睾体。当来自睾丸的稀薄悬浮液体通过附睾时，其中部分水分被附睾管上皮细胞所吸收，所以在附睾尾部的精子密度很大，每毫升约含 40 亿个精子。

3）促进精子成熟。附睾是精子在公猪体内最后成熟的地方。刚从曲精细管中产生的精子尚未完全成熟，精子的颈部常附有细胞质颗粒。此时的精子活动力极其微弱，没有受精能力，但在精子通过附睾的过程中，细胞质颗粒逐渐向精子尾部移动，精子逐渐成熟而具有受精能力。

4）贮存精子。附睾尾是贮存精子的场所。附睾尾的长度虽然仅占附睾的 1/4，但其管腔很大，可贮存大量经浓缩的精子，其贮存量可占总精子数的 50% 以上。

精子在附睾中可以存活两个月以上。贮存在附睾中的精子一次排出，但如果长时间地频繁采精，精液中将会出现大量未成熟的精子。反之，如果公猪长期不参与配种或采精，其精子在附睾中贮存时间过长，一部分死精子会被吸收，另一部分会在公猪长期停用后的最初几次射精中排出，因而造成精液中的死精子或弱精子数量增加。

（3）输精管 输精管是精子由附睾尾排出的通道，其功能是将精子从附睾尾运送至尿生殖道。由于输精管壁的肌肉层很发达，所以在交配时发生强烈收缩，从而将精子从附睾尾送入尿生殖道。

（4）尿生殖道 尿生殖道是公猪生殖系统在骨盆腔部分，具有排精排尿的双重功能，是来自输精管的浓缩精液与各个副性腺体的分泌物汇合的地方。

（5）副性腺体 副性腺是精囊腺、前列腺和尿道球腺的总称，这些腺体均开口于尿生殖道。副性腺体的分泌物构成精液中的主要成分。猪的射精量大，平均为 320 毫升，其中含有大量的副性腺分泌物。这些副性腺分泌物含有营养物质和酶类，除了可以稀释从附睾来的浓稠的精液，使精子在生殖道内能更好地生存和运行外，还具有冲洗尿道、激发精子活力的作用。

1）精囊腺。位于膀胱颈上、输精管壶腹的外侧，能分泌白色带有黏性的液体，其生理功能是防止精液从母猪生殖道中倒流出来。

2）前列腺。位于精囊腺和输精管壶腹的后方。其分泌物呈碱性，不透明，稀薄，且有特殊的腥味。主要功能是供给精子营养、中和酸性、激活精子、冲淡精液，是精子的天然稀释液。

3）尿道球腺。位于骨盆尿生殖道后端上方的两侧，呈长棒状，其分泌物稀薄透明，呈碱性。主要功能是冲洗尿道，中和母猪阴道的酸性和防止精液倒流。

（6）阴茎　阴茎是公猪的交配器官，具有排尿和将精液注入母猪生殖道内的双重作用。阴茎可分为阴茎根、阴茎体和龟头三部分。阴茎根部有"S"状弯曲，龟头呈螺旋状。公猪不交配时阴茎龟缩在包皮内，其包皮腔很长，开口狭小，在包皮内有包皮腺，分泌物有特殊的气味，可刺激和引诱发情母猪。因包皮腔很长，常聚积尿液和分泌物，采精时极易污染精液。

二、母猪的生殖系统及功能

母猪的生殖系统主要由卵巢、输卵管、子宫、阴道和外阴部等几个部分组成，其主要功能是产生卵子、交配和孕育胎儿（图5-2）。

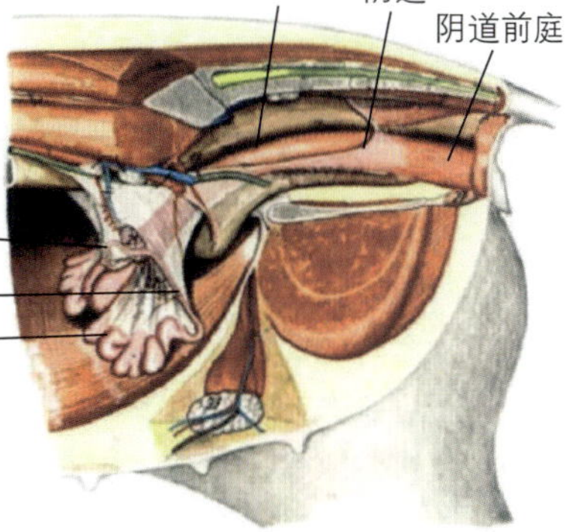

（1）卵巢　分为左右两个，位于腹腔内肾脏的后方，固定在子宫韧带的前缘上，呈葡萄状，其功能是产生卵子和分泌雌激素，刺激母猪发情。母猪妊娠后由卵巢上的黄体分泌孕激素，以保证母猪妊娠。

（2）输卵管　连接卵巢和子宫的一条弯曲细管，靠近卵巢一端呈现喇叭口的形状，叫作"伞部"，和卵巢很接近，几乎包在卵巢上面，形成卵巢囊，这样可以保证卵巢排出的卵子落入输卵管内。

图5-2　母猪的生殖系统

输卵管是精子和卵子结合受精的场所。配种后精子经子宫上行而卵子自输卵管伞部下行，在输卵管上1/3处结合受精而形成受精卵，然后运行到子宫内着床。

（3）子宫　猪的子宫有两条很长而弯曲的带状子宫角，分别与两条输卵管相连接，两子宫角汇合形成一段较短的部分称为子宫体，其下是子宫颈。

子宫是胚胎发育的场所，受精卵运行子宫后，附着于子宫壁上发育成熟。母猪配种后，子宫是精子的必经之路，子宫借助于肌纤维有节律地收缩，促使精子进入输卵管而与卵子相遇，结合受精。在母猪妊娠期，子宫腺所分泌的子宫乳，可为胚胎早期发育提供营养。母猪分娩时，子宫会发生强有力的收缩，有利于胎儿的产出。此外，子宫颈是子宫的门户，在不同的生理状况下，执行启闭功能。发情时稍开放，允许精子进入；妊娠时分泌浓稠的黏液，形成子宫栓塞，防止细菌和异物侵入，保护胎儿的正常发育；临产时松弛扩张，以便胎儿产出。

（4）阴道　阴道是母猪的交配器官，也是胎儿产出的通道。阴道的上方是直肠，下方是膀胱，前方连接子宫颈（人工授精操作时，输精管插入可以明显感觉到），后端连接外阴部。

（5）外阴部　包括尿生殖前庭、阴唇和阴蒂。母猪发情时，外阴部充血肿胀，阴道内壁增厚，并有黏液排出。

第二节　人工授精操作技术

一、人工授精的优点

猪的配种方式可分为自然交配和人工授精两种。所谓人工授精是利用人工方法采集种公猪的精液，经过必要的处理，将合格的精液输入到发情母猪的生殖道内，使母猪受胎。人工授精与自然交配相比，具有显著的优越性。

（1）可以提高优良种公猪的利用率，加速猪种改良　自然交配时，一头种公猪一次只能和一头母猪交配，而人工授精一头种公猪一次的采精量可以给10头左右的发情母猪输精，这就提高了种公猪的配种效率。

（2）可以节省饲养成本　可以减少种公猪的饲养头数，节约饲料等饲养管理费用。

（3）可以克服生殖障碍　可以克服公、母猪体重相差悬殊而造成的配种困难或生殖道某些异常不易受胎的困难。

（4）有利于精液长时间保存　采出的精液，经过稀释可长时间保存，经过运输可使母猪配种不受地区限制和有效地解决种公猪不足地区母猪的配种问题。

（5）可以防止疫病的传播　采用人工授精配种，公、母猪不直接接触，可防止疫病的传播，特别是有效地防止了生殖器官疾病的传播。

（6）可以提高母猪的受胎率、产仔数　人工授精便于采用重复输精和混合输精等繁殖技术，输精前精液均经过检查，只有优质的合格精液才能用于输精，而且可以选择最适当的时机，将精液输到最适当的部位，提高了母猪的受胎率、产仔数和仔猪成活率。

二、种公猪的调教训练

初次用假母猪采精的种公猪必须先进行训练，方可进行采精。训练前不让其接近母猪，并培养种公猪接近人的习惯，还应加强种公猪的饲养管理。训练的场地要固定，不宜经常变动，并要保持环境的安静，使种公猪容易形成条件反射，训练容易成功。

（1）假母猪的制作　假母猪又称台猪或人工采精架，它是模仿母猪的大致轮廓，以木质或铁质支架为基础而制成的。要求牢固、光滑、柔软、高低适中、方便实用，对外形要求不严格。一般用一根直径为 20 厘米、长为 110~120 厘米的圆木，两端削成弧形，装上桌腿，埋入地中固定，也可以用角铁或方钢制成支架。在木头上或铁架上铺一层稻草或草袋子，再覆盖一张熟过的猪皮或粗布。组装好的假母猪后躯高 55~65 厘米，前躯高 45~55 厘米，呈前低后高的姿势，前后高度差 10 厘米（图 5-3）。

图 5-3　假母猪

（2）种公猪的调教训练方法　训练种公猪采精的方法主要有以下几种。

1）在假母猪后躯涂抹发情母猪的尿液或其阴道黏液，种公猪嗅其气味会引起性欲并爬跨假母猪，一般经几次采精后即可成功。如果种公猪无性欲表现、不爬跨时，可马上赶一头发情旺盛的母猪到假母猪旁引起种公猪性欲，当种公猪性欲极度旺盛时，再将发情母猪赶走，让种公猪重新爬跨假母猪而采精，一般都能训练成功（图 5-4）。

2）在假母猪旁边放一头发情母猪，两者都盖上麻袋，并在假母猪上涂上发情母猪的尿液。先让种公猪爬跨发情母猪，但不让交配，而把其拉下来，这样爬上去，拉下来，反复多次，待种公猪性欲高度旺盛时，迅速赶走母猪，诱其爬跨假母猪采精。

3）让种公猪看另一头已训练好的种公猪爬跨假母猪，然后诱导其爬跨（图 5-5）。

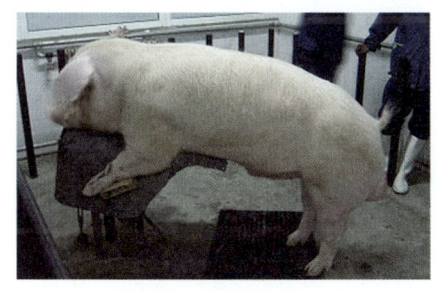

图 5-4　诱导种公猪爬跨假母猪（一）

图 5-5　诱导种公猪爬跨假母猪（二）

在训练过程中，要反复进行，耐心诱导，以便建立巩固的条件反射。切忌强迫、抽打、恐吓等，否则会发生性抑制而造成训练困难。另外，还要注意人畜安全。

三、种公猪精液的采集

（1）采精前的准备　主要包括采精场地的准备和采精所需器械（图 5-6）的准备。

采精宜在室内进行，采精室应明亮、宁静；地面平整，便于冲洗和消毒，但不宜过于光滑；紧靠精液检验室，以便及时把采到的精液通过拉窗递进检验室进行检验；采精室内应安装照明灯、电风扇、紫外线灯等，室内设有采精架（假母猪），在种公猪爬跨采精架一端的地面应安装木踏板，以起到防滑和护蹄作用。在检验室内应将集精杯的保温套及消毒过的集精杯、玻棒或吸管、温度计、纱布（2~4层）、乳胶手套与猪用假阴道内胎等放置于40℃的恒温箱中预热（夏季例外）。显微镜要先调好焦距（图5-7），镜检箱的温度应保持在35~37℃，载玻片和盖玻片应放在镜检箱内预热。镜检箱边要有擦镜纸、5.5~9.0的pH试纸、采精记录表、钢笔，并在实验台上准备好卡那霉素等抗生素。把消毒好的稀释液放进水浴锅和恒温箱中预热，稀释液的pH以6.5~6.8为宜，在整个准备过程中应注意无菌操作，消毒过的器械不可污染，一切准备就绪后即可进行采精。

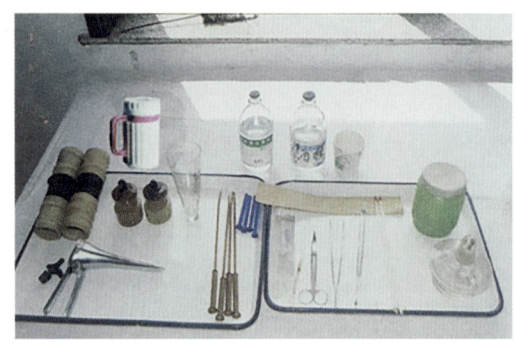

图5-6 采精所需的器械

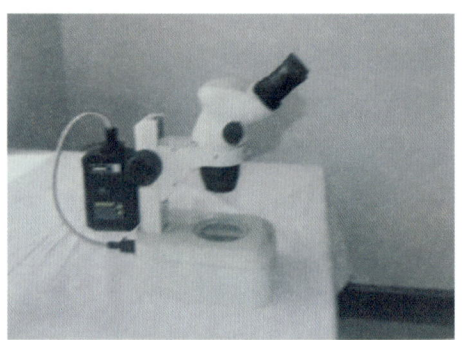

图5-7 显微镜

（2）**采精方法** 精液的质量虽然主要取决于种公猪本身，但也受到采精操作规程的制约。如在采精过程中违反了操作规程或忽视了卫生环境，即使是优秀的种公猪，其精液的质量仍然会受到影响。因此，采精必须由熟练的且相对固定的技术人员操作，而且还要配备足够的实验设备。

采精员先把种公猪驱赶到运动场排粪、排尿，然后赶到采精室。当种公猪爬上采精架后，首先挤出包皮内残留尿液，除去腹部的污垢，用现配的高锰酸钾温水浸湿毛巾，自包皮口向后单向擦拭，擦过一遍后将湿毛巾叠起，再用另一干净的面擦第二遍，切忌来回擦拭，以免重复污染。然后用灭菌干毛巾擦干即可正式采精。采精的方法主要有以下两种。

1）手握法（图5-8）。在生产实践中用得较多的是手握法，因为此种方法操作简便，采得的精液品质较好。采精前，先消毒好采精所用的器械，并用4~5层纱布放在采精杯上备用。采精者应先剪平指甲，清洗消毒。也可以戴上消毒过的胶皮手套。另外，还要用0.1%的高锰酸钾溶液消毒一下种公猪的包皮及其周围皮肤并擦干。采精员蹲在假母猪的右后方，待种公猪爬上假母猪、伸出阴茎时，立即把左手手心向下握成空拳，让种公猪阴茎自行插入拳内，不要用手去抓阴茎。当龟头尖露出拳外0.5厘米左右时，立即握住阴茎前端的螺旋部，不让阴茎来回抽动，并顺势小心地把阴茎全部拉出包皮外，拳握阴茎的松紧度以不让阴茎滑掉为宜。注意不要把阴毛一起抓，也不能握得太紧，否则采取的精液很稀；也不能过松，使阴茎滑出拳外而造

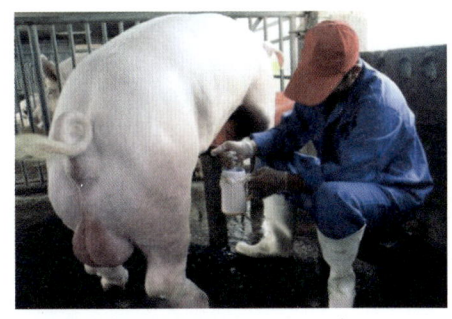

图5-8　手握法采精

成损伤。另外，拇指轻轻顶住并按摩阴茎前端，当公猪射精时，左手应有节奏地一松一紧地捏动，以刺激种公猪充分射精。一般要去掉最先射出的混有尿液等污物的精液，待射出乳白色精液时，再用右手持集精瓶收集。

2）假阴道法。假阴道采精法是模拟母猪的阴道条件而让种公猪交配射精。采精前，先安装好消过毒的假阴道，并在假阴道内用漏斗灌入400~500毫升温水，以调节内胎温度到39~40℃，一般年轻种公猪要求偏低，老年种公猪要求偏高。再用双连球打气，调节好适宜的压力，要求松紧适度。最后用消过毒的长玻璃棒蘸取灭菌的润滑剂（凡士林2份加石蜡1份调制而成）均匀地涂于内胎内壁，以调节润滑度，便于阴茎插入。采精时，采精者右手紧握假阴道蹲在假母猪右侧，当种公猪爬上假母猪伸出阴茎时，采精者用左手托住包皮，使阴茎自然地伸入假阴道内，而不可用假阴道去套阴茎。一般要求假阴道前端稍向上倾斜，以利于精液流入集精杯中。采精时，也可以用双连球调节压力，使假阴道有节奏地搏动，促其射精。采精完毕后，应让种公猪休息一段时间再回圈，并要及时洗净采精器械。

四、精液的品质检查

为了保证输精后有较高的受精率和较多的产仔数，每次采精后和输精前必须进行精液品质检查（图5-9）。

在进行精液品质检查时，新鲜精液要注意保温，保存的精液要缓慢升温，而且要轻轻振动，以补充氧气。操作要迅速、准确，操作过程不能使精液品质受到影响。取样要有代表性，因为死精子与活精子、精子与精清的比重不同，取样时要先摇匀，而且最好一次取两个样品检查。评定精液品质的主要指标有以下几个。

（1）射精量　将采取的精液用4~6层消毒纱布过滤后，放在有刻度的集精杯中测出。

（2）颜色　正常精液为乳白色或灰白色（图5-10）。混有尿液的呈黄褐色，混有

血液的呈浅红色，如果有浓汁则呈黄绿色。这些精液都不能用。

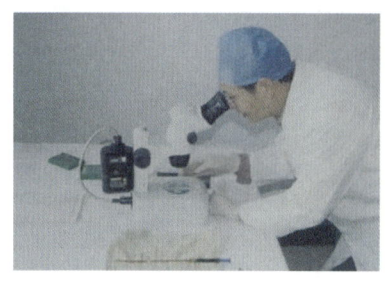 

图 5-9　显微镜检查精液品质　　图 5-10　正常精液

（3）**气味**　正常精液有一种特殊的腥味，新鲜精液气味较浓。有臭味等异味的精液不能使用。

（4）**密度**　滴一滴精液放在载玻片上，轻轻盖上盖玻片，在 300 倍左右的显微镜下观察，如果整个视野中布满精子，则为"密"；若视野中可以看见单个精子活动，彼此之间的距离约等于一个精子的长度，则为"中"；若在视野中分布稀疏，空隙很大，精子间的距离超过一个精子的长度，则为"稀"（图 5-11）。

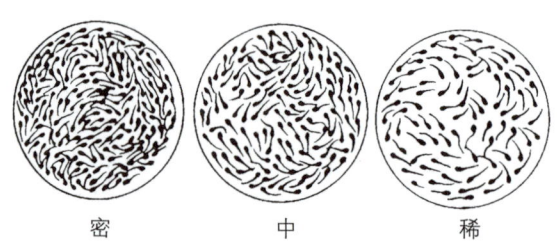

图 5-11　用估测法评定精子的密度

（5）**活力**　指精子活动的能力。精子的活动有直线前进、旋转、原地摆动三种，以直线前进的精子活力最强。检查时，先在载玻片上滴一滴精液，再轻轻地盖上盖玻片，不要产生气泡。置于 300 倍左右的显微镜下观察，用视野中呈直线前进运动的精子数占视野中精子数的百分比来表示精子活力。一般用于输精的精子活力要求在 50% 以上。注意保存后的精液要先经 1.5~2 小时的振荡充氧，使之恢复活力后才能检查。

五、精液的稀释

稀释猪精液的目的是扩大容量，补充能耗，有利于保存和运输。其稀释液的种类很多，如鲜奶稀释液、奶粉稀释液、葡萄糖 - 柠檬酸盐 - 卵黄稀释液、葡萄糖 - 碳酸氢钠 - 蛋黄稀释液等，其配制方法如下：

（1）**鲜奶稀释液**　将牛奶用三层纱布过滤 2 次，装入三角烧杯中，置于水锅中煮沸消毒 15 分钟，取出冷却后去除乳皮，即可应用。

（2）**奶粉稀释液**　称取奶粉 1 份，加蒸馏水 10 份，充分搅匀，使奶粉全部溶解，再装入瓶或杯内，隔水加温至 70℃，经 30 分钟，冷却后即可使用。如加入 0.3% 氨苯磺胺则效果更好。

（3）**葡萄糖 – 柠檬酸盐 – 卵黄稀释液**　无水葡萄糖 5 克，柠檬酸钠 0.5 克，新鲜蛋黄 3 毫升，蒸馏水 100 毫升。

（4）**葡萄糖 – 碳酸氢钠 – 蛋黄稀释液**　无水葡萄糖 3 克，碳酸氢钠 0.15 克，蒸馏水 30 毫升，青霉素 1000 国际单位 / 毫升，链霉素 1 毫克 / 毫升。

稀释液要现用现配，稀释过程中要注意：稀释液的温度与精液的温度相等；稀释液应沿杯壁徐徐加入，与精液混合均匀，切勿剧烈振荡；要避免直射阳光、药味、烟味等对精子产生不良影响；操作室的温度应保持在 18~25℃；精液稀释后应立即分装保存，尽量减少能耗；猪的精液以稀释 2~4 倍为宜，保证母猪每次输精的精子数为 50 亿 ~110 亿个，输精量为 30~50 毫升（图 5-12）。

六、精液的保存和运输

精液置于室温（25℃）下 1~2 小时后，放入 17℃ 的恒温箱贮存（图 5-13）。也可将精液瓶或袋用毛巾包严，直接放入恒温箱内。一般稀释液可保存 3 天，无论何种稀释液保存精液，应尽快用完。运输过程中，应将精液置于保温较好的装置内，保持在 16~18℃，避免强烈振动。

图 5-12　精液稀释操作

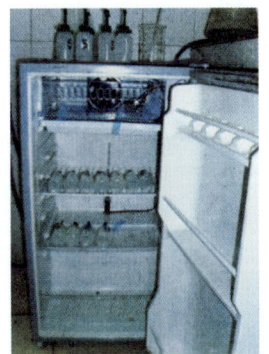

图 5-13　精液保存

七、输精

输精是人工授精的最后一个技术环节，适时准确地把一定数量的优质精液输送到发情母猪生殖道内适当部位，是保证得到较高受胎率、提高产仔数的关键。

猪的输精器由一只50毫升注射器连接一条橡皮输精管组成。输精前，要对所有输精器械进行彻底洗涤，严密消毒，最后用稀释液冲洗。一般器械可以用蒸煮法消毒。母猪外阴部用0.1%高锰酸钾或0.03%新洁尔灭溶液清洗消毒。冷冻精液必须先升温解冻，经检验质量合格的方可用于输精，一般要求解冻后的活力不得低于30%。新鲜精液、常温或低温保存的精液镜检活力要在60%以上，温度较低时，要升温到35℃。

输精时，先用已消过毒的注射器吸取合格精液20毫升左右（技术熟练的可用10~15毫升输精量），排出空气。让母猪自然站稳，输精前擦洗母猪外阴（图5-14），并在输精胶管前端涂以少许精液使之润滑。注入时，首先用左手将阴唇张开，再将输精管插入阴道，先向上方轻轻插入10厘米左右，以免损伤尿道口，再沿水平方向进行，边旋转输精管，边抽送，边插入。待插进25~30厘米感到插不进时，稍稍向外拉出一点，借压力或推力缓慢注入精液，如注入精液有阻力或发生倒流时，应再抽送输精管，左右旋转再压入。一般输精时间为2~5分钟，输精不宜太快。输精完毕，缓慢抽出输精管，然后用手按压母猪腰部，以免母猪弓腰收腹，造成精液倒流（图5-15）。

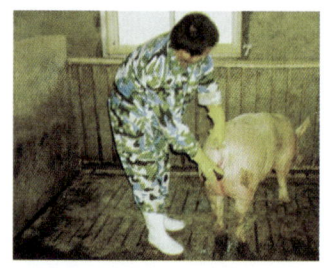 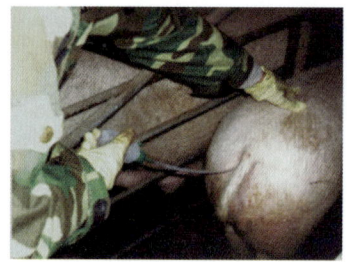 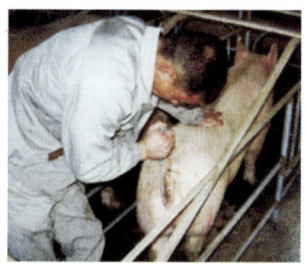

图5-14 输精前擦洗母猪外阴　　图5-15 输精

总之，输精动作可概括为8个字，即"轻插、适深、慢注、缓出"。每个发情期应尽量输精2次，间隔12~20小时。

第六章 仔猪的培育

第一节 仔猪的生理特点与护理

一、仔猪的生理特点

仔猪的生理特点，概括地说，就是生长发育快和生理上的不成熟性。

（1）**生长发育快，物质代谢旺盛** 仔猪出生时，一般体重只有1千克左右，还不到成年体重的1%，而10、30、60日龄时的体重分别达到出生重的2倍、5~6倍、10~13倍或更多（图6-1）。

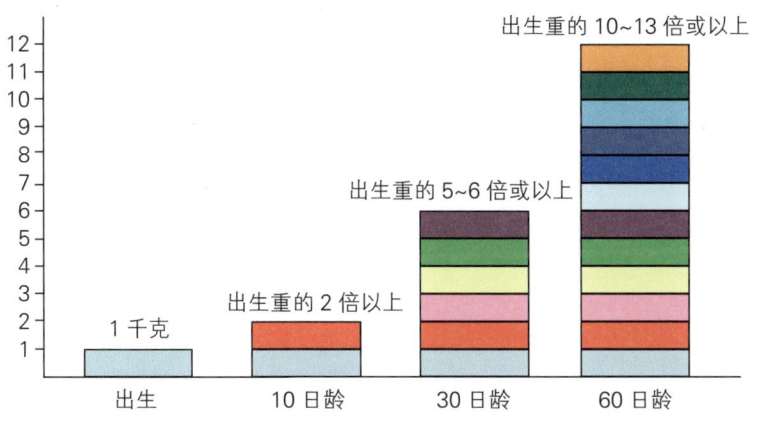

图6-1 仔猪出生后增长速度

仔猪出生后的快速生长，是以旺盛的物质代谢为基础的。据测定，20日龄的仔猪，每千克体重每天要沉积蛋白质9~14克，而成年猪只沉积0.3~0.4克，相当于成年猪的30~35倍。所需的能量、矿物质等都高于成年猪。因此，仔猪对营养不全反应敏感，需供给仔猪全价平衡日粮。

（2）**消化器官不发达，消化机能不健全** 仔猪出生时消化器官的相对重量和容积都比较小，均未发育完善，导致消化腺分泌及消化机能的不健全。如初生仔猪胃内主要含凝乳酶，胃蛋白酶很少，分泌的胃酸中缺乏游离的盐酸，一般需在35~40日龄时，随着盐酸分泌量的增多，胃蛋白酶才具有消化能力，才可利用植物性蛋白质饲料。

由于仔猪消化器官和消化机能还不完善，所以它对饲料质量、形态、饲喂方法和次数等方面的要求与成年猪不同。

（3）缺乏先天免疫力，容易生病　仔猪在胚胎期间由于母猪血管和胎儿脐血管等天然屏障的阻隔，不能从母猪血液中获得免疫抗体，故仔猪出生时没有先天免疫力，只有吃到初乳后，从初乳中得到母源抗体，并逐步产生自身抗体后才获得免疫力。一般仔猪从10日龄开始自身产生抗体，但30~35日龄前数量还很少，10~30日龄时，是仔猪免疫力抗体的"青黄不接"阶段，这个阶段由于仔猪已开始吃食，而胃液中又缺乏游离的盐酸，对随饲料、饮水进入胃内的病原微生物缺乏抑制作用，因此这段时期仔猪最容易腹泻、得病。

（4）调节体温的机能不健全，对寒冷的适应能力差　初生仔猪，特别是出生后一周内，由于皮层较薄，被毛稀疏，皮下脂肪又少，限制了物理性调节温度的作用，再加上大脑发育不健全，不能协调体温的化学性调节。因此，仔猪调节体温的能力十分有限，往往不能维持正常的体温，对寒冷的环境适应力差，易被冻僵、冻死，因此有"小猪怕冷"之说。加强对初生仔猪的保温工作，是养好仔猪的特殊护理要求（图6-2）。

二、初生仔猪的护理

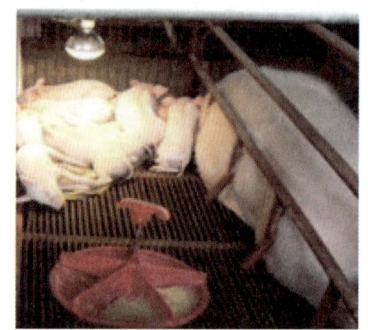

图6-2　刚出生的仔猪应加强保温

一般母猪产活仔猪数为10头左右，而断奶成活数多在7~8头。在整个哺乳期死亡2~3头，其中出生后一周内占死亡总数的60%左右。死亡的主要原因是冻死、压死、饿死和腹泻死亡。因此，仔猪出生后一周内的主要管理工作是保温防压，保证仔猪吃足初乳，固定好乳头，及时补铁，并解决好母猪无乳、寡产、死亡和多产仔猪等一些问题。

（1）吃足初乳，固定乳头　母猪产后几天所分泌的乳汁叫作初乳。初乳中含有丰富的蛋白质、维生素和免疫抗体、镁盐等，具有轻泻作用，能促使胎粪的排出。初乳中的营养物质在小肠内几乎能全部吸收，如果仔猪吃不到初乳则很难成活，所以初乳的作用是常乳无法取代的。

初生仔猪开始吃乳时，常互相争夺乳头，强壮的仔猪往往占据前边乳汁充足的乳头，并且有固定乳头吮乳的习性，一旦固定下来，一般到断奶都不更换。为保证全窝仔猪都能均匀发育，可用人工固定乳头的办法，把初生重小、发育较差的仔猪固定在前边几对乳汁多的乳头上，这样既可以减少弱小仔猪的死亡，使全窝仔猪发育匀称，又可以防止因仔猪争夺乳头而互相咬架或咬伤母猪乳头。如果仔猪少,乳头多,可让仔猪吮食两个乳头的乳汁,既有利于仔猪,又不留空乳头,利于母猪乳腺的发育。如果仔猪多,乳头少,可采取找"保姆"猪的办法,把多余的仔猪寄养出去(图6-3~图6-5)。

图6-3 从保温箱赶出仔猪吮乳

图6-4 仔猪自动走出保温箱吮乳

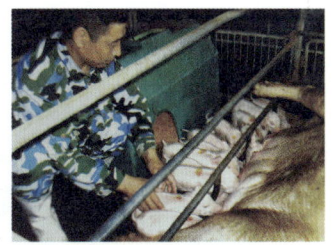
图6-5 固定乳头

(2)**保温御寒,防止压死、压伤** 冬、春季分娩的仔猪死亡的主要原因是冻死或被母猪压死。仔猪的适宜温度是:出生后1~3日龄30~32℃,4~7日龄28~30℃,15~30日龄22~25℃。保温措施很多,可根据各地具体条件因地制宜采取保温措施。如调整产仔季节,避开寒冷季节产仔,利用产房专用产仔栏产仔(图6-6);北方如果采取全年产仔制,应设产房,堵寒风洞,增设红外线灯等供热设备,加铺垫草,保持栏舍干燥等。

在普通圈舍产仔,由于初生仔猪活动不灵活,如母猪体大笨重,行动迟缓,产后疲倦,或母性较差等常易压死仔猪。防护措施有保持舍内适宜温度,防止仔猪因为怕冷爱钻到母猪肚皮底下或垫草堆内而被母猪压死;在产后一周内加强看管,特别是母猪吃食或排泄后回去躺卧时要留心;保持环境安静,避免突然的声响使母猪受惊而踩压仔猪;可在猪圈实体栏内一侧设产仔栏(图6-7)或一角设置简易护栏(图6-8),让母猪隔开睡觉。

图6-6 利用产房专用产仔栏产仔

图6-7 在实体栏内一侧安装产仔栏

图6-8 简易护栏

(3)**及时补铁,滴喂稀盐酸和胃蛋白酶** 从仔猪出生后1~2天起开始补铁。其方法为每头肌内注射 150 毫克铁制剂（图 6-9）；口服铁制剂或涂于母猪乳头上，让仔猪吮食；在 2~3 日龄内，每头仔猪口服 1~2 滴 0.5% 的稀盐酸和胃蛋白酶，以避免仔猪贫血，增强仔猪的消化机能和防病能力，提高其断奶体重。

（4）做好防病工作　主要是预防仔猪腹泻。仔猪腹泻多发于出生后 3~7 日龄，尤以 7 日龄以内排黄色稀便最为严重，死亡率较高。引起的原因比较复杂，如天气骤变，气温变化大；乳汁过浓，脂肪含量过高不易消化；母猪饲料突然变化引起乳汁改变；栏舍潮湿，不卫生；供水不足或饮脏水、尿液等。应根据致病原因及早采取预防、治疗措施（图 6-10）。

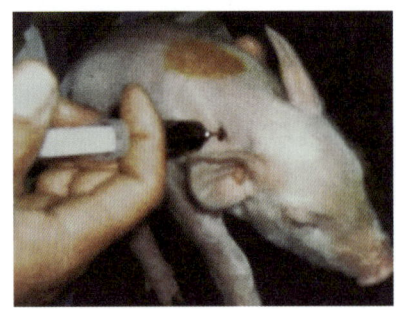

图 6-9　注射铁制剂

图 6-10　服药预防仔猪腹泻

三、初生仔猪的寄养和人工补乳

（1）初生仔猪的寄养　如果母猪产后无乳或因故死亡，或活产仔数超过乳头，这时需要进行仔猪的寄养。在仔猪寄养过程中容易出现两个问题，必须解决好。

第一种情况是寄养仔猪不吸吮"保姆"猪的乳头。这种情况常发生于仔猪出生数日后的寄养，解决的办法是把寄养仔猪隔离母乳 2~3 小时，等到仔猪感到非常饥饿时，就会自己寻找"保姆"猪的空余乳头吮乳。但也有坚持不吸吮"保姆"猪乳的仔猪，这样可强制其吮乳，即当"保姆"猪放乳时，把"保姆"猪空余乳头放在仔猪嘴里，挤乳给仔猪吃，重复数次后，仔猪吃到了甜头，就会自动吮乳（图 6-11）。

第二种情况是"保姆"猪不让寄养仔猪吮乳。解决的办法是把"保姆"猪产仔时的胎衣、羊水或垫草、尿液擦在仔猪身上；也可把"保姆"猪亲生的仔猪与寄养仔猪放在一起 2~3 小时；还可以用少量白酒或酒精喷入母猪鼻孔和仔猪身上。以上三种方法都能干扰母猪嗅觉。

（2）初生仔猪人工补乳　若找不到"保姆"猪时，可人工补乳。其方法是：用易消化、营养

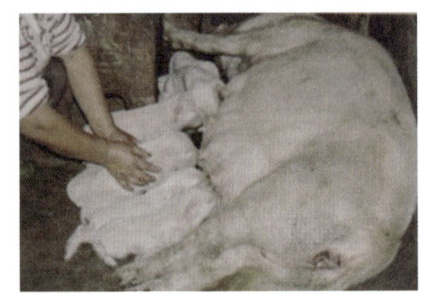

图 6-11　给寄养仔猪人工辅助哺乳

与母乳相似的原料配制成代乳品，将代乳品装到容器内，安上假乳头，引诱仔猪吮乳，或装入特制的容器内，诱其饮用（图6-12）。常用的代乳品配方有：①鲜牛奶或羊奶1000毫升、葡萄糖或蔗糖60克、硫酸亚铁2.5克、硫酸铜和硫酸镁各20克、碘化钾0.02克，煮沸后冷却至50℃时，打入鸡蛋1个，加入鱼肝油1毫升、土霉素粉0.5克、多种维生素0.1克，搅匀后，立即补乳。②炒小麦粉50%、炒大豆粉17%、淡鱼粉或蚕蛹粉12%、脱脂奶粉10%、酵母粉4%、胃蛋白酶1%、葡萄糖或蔗糖4%、骨粉1%、食盐0.5%、微量元素0.5%，补饲时用热水调成乳状，滴1~2滴鱼肝油、稀盐酸，加入适量多种维生素、土霉素。③乳豆500克、淡鱼粉或蚕蛹粉100克、酵母粉50克、葡萄糖或蔗糖100克、胃蛋白酶5克、生长素10克、氯化胆碱1克、乳康生5克、多种维生素1克、温水2000毫升，打入鸡蛋1个，滴入鱼肝油7~8滴、稀盐酸2~3滴，混匀后即补用。

图6-12　人工哺乳

代乳品补乳的时间和数量是：开始每1~2小时1次，每次40~50毫升；5天后每3小时1次，每次250毫升，晚上2~4小时1次，每次50~300毫升。补乳时要根据仔猪吮乳规律，采用少给勤补的办法，保证补乳容器及假乳头的清洁卫生，保持人工乳适宜的温度。

第二节　仔猪的饲喂与饮水

一、仔猪补料

（1）补料时间　母猪的泌乳量在产后3周达到高峰，以后逐渐减少，而仔猪随体重的增长对营养的需求不断增加，如果不及时补料，就会阻碍仔猪的生长发育，因此要提早给仔猪补料。一般从7~10日龄开始引食，以便母猪泌乳量下降时仔猪能习惯按顿吃料。

（2）补料方法

1）设补料间或补料栏。补料间或补料栏内要清洁卫生，光照充足，温度适宜，内设长、高适宜的饲槽；补料栏要靠近母猪饲槽，出入口多，母猪进不去。

2）诱导仔猪采食（图6-13）。仔猪6~7日龄后开始长牙，牙床发痒，这时仔猪爱拱咬地面上的东西，特别喜欢咬垫草、饲槽等较坚硬的东西，可以利用这一特点来诱导仔猪开食。方法是在补饲间或补料栏内地面上撒一些炒得焦香的熟玉米、熟高粱、熟小麦等让仔猪拱食，2周龄后逐渐换成配合饲料。饲料要香甜适口，营养全面，品种稳定，容易消化。

3）合理饲喂。为使仔猪消化道有规律地活动，促进消化液的分泌，提高仔猪的消化能力，要采取定时定量的办法来补料。一般开始补料时每天3~4次，待仔猪学会吃料后，即可逐渐增加到每天5~6次，或采取自由采食的办法。

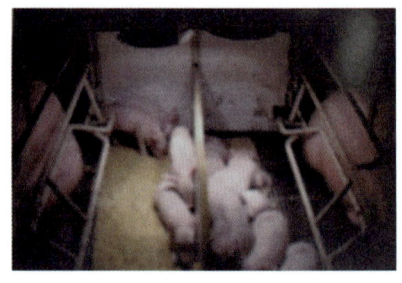

图6-13　诱导仔猪采食

饲料以干粉料、颗粒料为好。在一般情况下，一个哺乳期每头仔猪需全价配合料12~15千克，其中绝大部分用于45~60日龄阶段。

仔猪不同日龄的补料量：20~30日龄为100克/天；30~40日龄为150~200克/天；40~50日龄为300~400克/天；50~60日龄为600~800克/天。

二、仔猪饲料的配制

若补料顺利，仔猪在3周龄即开始大量采食饲料，这时仍用玉米或高粱粒等谷类饲料，就不能满足仔猪对各种营养的需要，必须改用全价配合饲料。全价配合饲料要求是高能量、高蛋白质、营养全面、适口性好、容易消化。具体配合要求：能量高，每千克配合饲料含消化能12.97兆焦以上，糠麸类占配合饲料的比例在10%以内，粮饼类和动物性饲料占90%左右；蛋白质水平要高，品质要好，配合饲料中粗蛋白质含量不低于18%，即配合饲料中要有20%饼粕类和5%~8%的动物性饲料（鱼粉、血粉、蛹粉等）；配合饲料应包含1.5%的贝骨粉（贝壳粉占2/3，骨粉占1/3）和0.3%~0.5%的食盐。配合饲料中掺入复合维生素和微量元素添加剂能显著提高仔猪增重和饲料利用率。下列仔猪饲料配方（表6-1）可供参考。

表6-1　仔猪饲料配方

	项目	配方1	配方2	配方3	配方4	配方5	配方6	配方7
饲料原料（%）	全脂乳粉	20.0	20.0		13.5			
	脱脂乳粉				10.0			
	玉米面	15.3	11.0	43.5	13.0	59.0	54.3	59.5
	小麦面	28.2	20.0		22.0			
	高粱面		9.0	10.0	10.0	10.0	7.8	6.2
	小麦麸			5.0			6.0	5.0
	秣食豆					1.5		
	豆饼粉	22.0	18.0	20.0	20.0	21.0	21.0	23.7

(续)

项目		配方1	配方2	配方3	配方4	配方5	配方6	配方7
饲料原料（%）	鱼粉	8.0	12.0	7.0	12.0	7.5	8.3	3.3
	酵母粉	4.0	4.0	2.0	4.0			
	白糖		3.5		3.5			
	碳酸钙	1.0	1.5	0.1	1.5		0.3	0.49
	磷酸钙							0.65
	食盐			0.4			0.3	0.4
	淀粉酶	1.0	0.2					
	胃蛋白酶		0.3					
	胰蛋白酶	0.5						
	微量元素添加剂			1.0			1.0	
	维生素添加剂			1.0			1.0	
	矿物质—维生素混合		0.5		0.5	1.0		0.76
混合补料干物质（%）		91.90	93.12	90.10	95.14		89.23	88.9
消化能/（兆焦/千克）		15.271	15.564	13.60	15.564	14.22	13.514	13.723
粗蛋白质（%）		25.2	26.3	22.0	27.1	20.7	20.2	18.0
钙（%）				0.97			0.63	
磷（%）				0.62			0.58	
体重/千克		1~5	5~10			10~20		

三、仔猪饮水

为帮助仔猪消化乳脂和饲料，防止其口渴喝污水，从仔猪3~5日龄起，水槽内要保持有清洁的饮水，让仔猪自由饮用。水槽要经常洗刷，保持清洁卫生。

第三节 仔猪的去势与断奶

一、仔猪的去势

凡不留种用的仔猪，均应早期去势。去势时间一般为公猪20~30日龄，母猪30~40日龄，仔猪体重5~10千克。早期去势，不仅伤口愈合快，手术简便，对仔猪造成的损伤较小，而且去势后能加速仔猪的生长。

（1）小公猪的去势 用右手提起仔猪右后腿，左手抓住右侧膝前皱襞，使仔猪左侧卧地，背向术者，再用左脚踩其颈头部，右脚踩住尾根；左手紧握睾丸阴囊将睾丸固定住（图6-14）。常规消毒后，右手持刀切开1个睾丸的皮肤和实质，挤出睾丸，分离睾丸韧带，使精索充分露出，用边捋边捻转的办法摘除睾丸（图6-15），再于原切口处切开阴囊中隔和另一个睾丸实质，用同样的方法摘除另一个睾丸，最后消毒，并在伤口处撒一些消炎粉，创口一般不缝合。

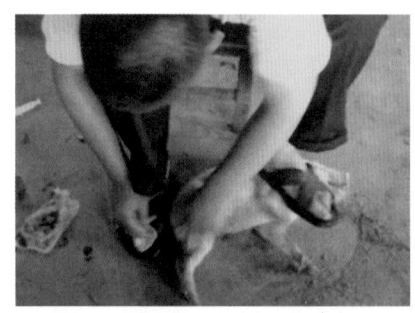
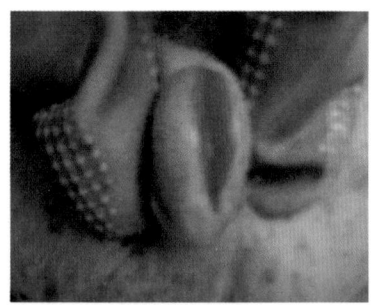

图6-14 左手保定公猪，固定睾丸　　图6-15 切开并摘除睾丸

如果仔猪患有赫尔尼亚（疝病），要在肠管复位的基础上，左手捏住睾丸，小心切开阴囊皮肤，挤出包有总鞘膜的睾丸，边捻转边向外拉，最后在接近腹股沟管外环处将总鞘膜和精索穿线结扎，在结扎线外方1厘米处切除睾丸，撒上消炎粉。

如果仔猪患有隐睾，要在牢固保定的基础上切开皮肤，由前向后沿肾脏后方到骨盆腔内寻找睾丸，将其取出，捻转捋断或结扎精索摘除睾丸，缝好腹膜、肌肉、皮肤，撒上消炎粉。

（2）小母猪的去势　用左手提起仔猪的左后腿，右手捏住左侧膝前皱襞，使仔猪头在手术者右侧，尾在左侧，背向手术者，猪体右侧卧地。再用右脚踩住仔猪的颈头部，将左后腿向后伸展，使仔猪后躯呈半仰卧姿势，左脚踩住左后腿飞节下方蹬于地面上，即保定小母猪（图6-16）。在左侧髋关节至腹白线的垂线上，距左侧乳头（倒数第2个乳头处）2厘米处用碘酊消毒后（图6-17），用左手拇指在此处垂直用力下压，固定刀口部位（图6-18），同时右手持刀，刀尖顺拇指垂直刺入腹壁（图6-19），在切开口的同时，左手拇指微抬、右脚用力踩猪，既防刀尖刺伤脊柱两侧动脉，又使仔猪尖叫用力，以增加腹内压力，促使子宫角随刀口跳出。如果没跳出，可用右手拇指协同左手拇指以挫切式用刀柄往下按压，使子宫角跳出。如果仍没有跳出，可将刀柄伸入腹腔拨动肠管，将子宫角挑出（似乳白色面条状）。待子宫角跳出或排出后，右手立即捏住，用左右食指第一、二指节背面在切口处用力压腹壁，以双手拇指、食指互相交替捻动，轻轻将子宫角、卵巢和部分子宫体拉出（图6-20），在靠子宫颈处将子宫体捏断或挫断，于刀口处撒些消炎粉，不必缝合。最后，提起仔猪后腿将其摆动或拍打腹部后放走（图6-21）。

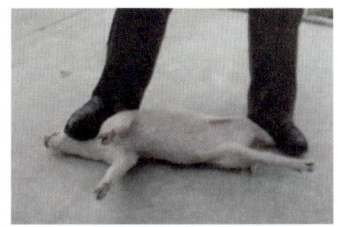

图6-16　保定小母猪

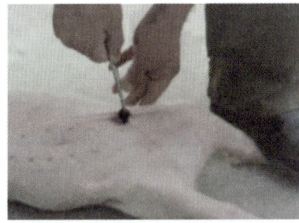

图6-17　刀口部位消毒

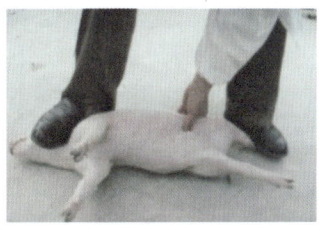

图6-18　固定刀口部位

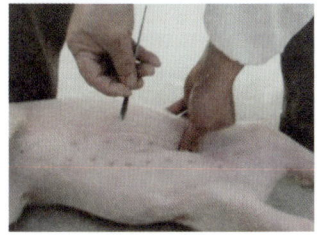

图6-19　按压术部腹壁，切开腹壁

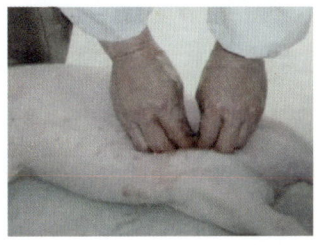

图6-20　拉出子宫角、部分子宫体和卵巢并摘除

图6-21　拍打腹部后放开

二、仔猪的断奶

（1）断奶时间　仔猪的断奶时间，应根据猪场的性质、猪的品种、仔猪用途及体质强弱、母猪的膘情和泌乳量的高低以及母猪利用强度和饲养条件等灵活掌握。例如，有的母猪膘情不好，泌乳量比较低，如不及时断奶，对母猪的健康和仔猪的发育都不利，这样的母猪，就应早断奶；若母猪的膘情好，泌乳量较充足，则可稍晚一些断奶；准备留种的也可晚一些断奶；育肥的仔猪则可以适当提前断奶。我国一般养猪场和广大农村多采用45~60日龄断奶（常规断奶），也可提前到28~35日龄断奶（早期断奶）。早期断奶可提高母猪的利用率，增加其年产仔数，但必须给仔猪创造良好的环境条件，如在高床、栅上饲养，使仔猪不与粪尿接触；给予适宜而稳定的温度；饲喂营养全面、易消化的饲料等。无条件的可采用常规断奶法。

（2）断奶方法　从断奶过程上看，仔猪断奶方法主要有三种。

1）一次性断奶法。即当仔猪达到预定断奶时间时，果断迅速地将母仔分开实行同时断奶。这种方法简单，操作方便，省工省力，主要用于生长发育均匀、正常、健康的仔猪。为防止仔猪和母猪一时无法适应突然断奶的刺激，应于断奶前3天开始减少母猪精饲料和青饲料的饲喂量，并加强对母猪和仔猪的护理工作。

2）分批断奶法。即根据仔猪的发育情况、食量和用途分别先后陆续断奶。一般将发育好、食欲强、拟作育肥的仔猪先断奶，而体格小、拟留种用的后断奶，适当延长哺乳期。该方法费工费力，母猪哺乳期较长，但能较好地适用于生长发育不平衡或寄养的仔猪。

3）逐渐断奶法。逐渐减少哺乳次数的断奶方法，即在仔猪预定断奶日期前 4~6 天，让母仔分开饲养，常将母猪赶出圈舍，定时放回哺乳，哺乳次数逐日减少直至断净。此方法比较安全可靠，可减少对母仔的刺激，适用于不同情况的母猪。

（3）断奶仔猪的饲养　仔猪断奶后往往由于生活条件的突然改变，表现出食欲缺乏，增重缓慢甚至减重，尤其是补料晚的仔猪更为明显。为了过好断奶关，要做到饲料、饲养制度及生活环境的"两维持"和"三过渡"，即维持在原圈培育并维持原来的饲料，做到饲料、饲养制度和环境条件的逐渐过渡。

1）饲料过渡。仔猪断奶后，要保持原来的饲料半个月内不变，以免影响食欲和引起疾病。半个月后逐渐改喂育成猪饲料。

断奶仔猪正处于身体迅速生长的阶段，需要高蛋白质、高能量和含有丰富的维生素、矿物质的日粮。应限制含粗纤维过多的饲料，注意添加剂的补充。

2）饲养制度过渡。仔猪断奶后半个月内，每天饲喂的次数应比哺乳期多 1~2 次。这主要是加喂夜餐，免得仔猪因饥饿而不安。每次的饲喂量不宜过多，以七八成饱为宜，使仔猪保持旺盛的食欲。

适口性好的饲料有利于增进仔猪的食欲。炒熟的黄豆、豌豆等具有浓郁的香味，可以将其粉碎后作为配料改善饲料的适口性。碎米、玉米等谷物类饲料经过煮熟和浸烫糖化，可改善适口性。还可利用糖精、甜叶菊等甜味剂改善饲料的口味。此外，采取熟料与生料结合饲喂的方式，也能增进仔猪的食欲。

仔猪采食大量饲料后，应供给清洁的饮水，以免供水不足或不及时，致使仔猪饮污水或尿液而造成仔猪腹泻。

3）环境条件过渡。仔猪断奶后的最初几天，常表现精神不安、鸣叫、寻找母猪。为了减轻仔猪的不安，最好仍将仔猪留在原圈（图 6-22），不要混群并窝。断奶半个月后，仔猪的表现基本稳定和正常时，可调圈并窝。在调圈分群前 3~5 天，使仔猪同槽吃食、一起运动，彼此熟悉。然后再根据性别、个体大小、吃食快慢等进行分群，每群多少视猪圈大小而定。应让断奶仔猪在圈外保持比较充分的运动时间，圈内也应清洁、干燥、冬暖、夏凉（图 6-23 和图 6-24），并且进行固定地点排泄粪尿的调教。

4）添加抗生素。饲料中按规定标准加入抗生素，能够增强猪抵抗疾病的能力，促进猪的生长发育，一般常用的抗生素有金霉素、土霉素等。用量按猪的大小、饲料类型和卫生条件而定，仔猪每吨饲料添加抗生素 40 克；僵猪每吨饲料添加抗生素 50~100 克，发育正常后降至正常水平。抗生素应连续使用，如果仔猪断奶后停喂，反而容易发生疾病。

图6-22 断奶后仔猪宜留在原圈饲养2周

图6-23 冬季保育猪舍生火炉取暖

图6-24 夏季保育猪舍通风降温

5)微量元素的应用。微量元素的需要量很少,但对猪的生长发育影响很大。试验表明,微量元素中,铜有较突出的促生长作用。每吨配合饲料中添加30~200克铜,可使猪保持较高的生长速度和饲料利用率。通常使用的是易溶于水的硫酸铜和氧化铜。市场上出售的生长素,不仅含有适量的铜,还含有适量的铁、锌、锰等微量元素。买回的生长素,要严格按照用量饲喂,超量饲喂会引起仔猪中毒。

第四节 仔猪的免疫与驱虫

一、仔猪的免疫

适时搞好免疫接种,是增强仔猪免疫力、减少发病率和死亡率、提高成活率和断奶窝重的重要一环,是保证猪群健康的关键措施之一。通常在1月龄进行猪瘟、猪丹毒、猪肺疫和仔猪副伤寒疫苗的预防注射。要严格按免疫程序头头注射,个个免疫。

此外,为预防仔猪红痢,在母猪分娩前半个月或一个月注射红痢疫苗一次(图6-25)。

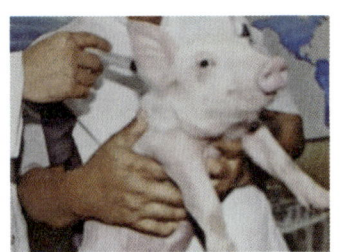
图6-25 接种疫苗

二、仔猪疾病预防与驱虫

在50~60日龄肌内注射一次5%左旋咪唑10毫克/千克体重,以驱除猪体内寄生虫(如蛔虫等)(图6-26);注射0.1%亚硒酸钠溶液1~2毫升/头,以预防仔猪水肿病。

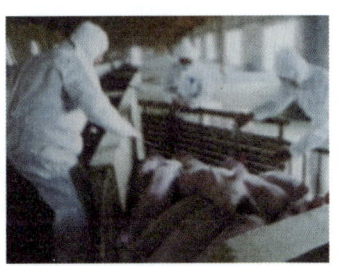
图6-26 进行驱虫

第七章
育肥猪的饲养管理

第一节 生长育肥猪的生理特点与生长发育规律

一、生长育肥猪的生理特点

猪的生长育肥过程是指猪从断奶到出栏（屠宰），一般按体重分为两个阶段，即生长育肥的前期阶段（指体重20~60千克阶段）和生长育肥的后期阶段（指体重60~90千克）。体重20~60千克的猪，尽管其生长发育正处于旺盛时期，但它的消化系统还不完善，消化液中的某些有效成分还不多，影响了某些饲料中营养物质的吸收，且胃的容积小，一次不能容纳较多的食物。神经系统和机体的抵抗力也正处于逐步完善阶段，加之断奶应激的刺激，对外界环境变化的适应能力比较差。因此，这个阶段需要提供优质的、易于消化吸收的饲料，并加强管理，改善饲养环境。

当猪体重达60千克以后，其生理机能逐渐完善，消化系统得到充分发育，对各种物质的消化能力和对饲料中各种营养成分的吸收能力有很大提高。机体对外界各种刺激的抵抗能力也得到增强，对周围环境具有较强的适应性。这个时期不易得病，增重快，一般平均日增重可达500克以上。因此，在这个时期，应抓住猪增重快的机遇，及时提供优质的全价配合饲料，满足生长育肥猪的营养需要，促进其快速生长、育肥，以达到增重快、出栏率和饲料利用率高、降低饲养成本与增加经济效益的目的。

二、生长育肥猪的生长发育规律

生长育肥猪的生长发育规律，可以从其机体各组织器官的发育和各种组织的沉积变化情况来衡量。猪的骨、肉、皮、脂的生长是遵循一定的规律同时并进的，但在不同的阶段又有侧重，不同品种、类型也有差异，同时也受到饲养方法和环境因素的影响。生长育肥猪的肌肉组织是由骨骼肌（常见的瘦肉，附着于骨骼周围）、心肌（构成心脏的肌肉）和平滑肌（构成胃肠壁的肌肉）组成，其中骨骼肌占绝大多数。脂肪组织主要是由大量脂肪酸组成，从形态上又分为板油、花油和皮下脂肪。猪骨骼是由矿物质聚积而成，含有大量的钙、磷；猪皮是由许多结缔组织和胶原蛋白组成。猪的骨骼和皮在猪的机体组织中所占的比例较小。在一般情况下，猪的骨骼发育最早，肌肉次之，脂肪的沉积最迟。有研究表明，骨骼从出生到 4 月龄左右的生长强度最大，肌肉从出生到 6 月龄生长最快，在体重 50 千克时，肉脂兼用型猪的肌肉生长达到高峰并趋于缓慢，体重 90 千克时，瘦肉型猪的脂肪生长速度加快并逐渐达到高峰，肌肉和骨骼生长缓慢或逐渐停止。也就是说，在猪的生长育肥过程中，育肥前期阶段以骨骼生长占优势，其次是肌肉，脂肪的沉积最为缓慢；到了育肥后期阶段，脂肪组织以较大的优势沉积，骨骼和肌肉的生长处于下降趋势。

猪内脏器官的生长是前期快、后期慢。胸腔器官的生长发育较早，在胚胎期就已经发育完善了，而消化器官在出生后才能迅速发育成熟。

分析猪体组织的变化，随着猪的年龄和体重的增长，猪体内的水分、蛋白质的含量逐渐下降，而脂肪的含量会逐渐增加。幼龄猪水分含量高，脂肪含量低；随着体重的增加，水分降低，脂肪增加，而水分和脂肪的合计始终占体重的 80% 左右，猪体内蛋白质的比例是比较稳定的，占 14.5%~17.5%。

第二节 影响猪育肥效果的因素

影响猪育肥效果的因素有很多，各种因素之间既有联系又相互影响。归纳起来，大体上可分为遗传因素和环境因素两个方面，遗传因素包括品种类型、生长发育规律、性早熟等，环境因素包括饲料品质、饲养水平及环境条件等。

一、品种类型与杂交组合

（1）品种类型　猪的品种类型对其肥育效果影响很大，这是因为不同品种类型的猪生长发育规律不一样，在整个肥育期的不同阶段所需的营养标准和饲粮数量不一样。如引进品种长白猪、约克夏猪、杜洛克猪、汉普夏猪等，属于瘦肉型猪。在以精饲料为主、高营养水平的饲养条件下，其肥育效果比地方品种好，增重较快，肥育时间短。但以青、粗饲料为主的中、低营养水平饲养条件下，则国外品种增重速度不如地方品种，肥育效果也较差。因此，为了提高肥育效果，应对不同品种类型的猪采取不同的肥育方法。

（2）杂交组合　在养猪生产中，利用杂种优势是提高肥育效果的重要措施之一。一般来说，杂交猪的肥育效果和胴体瘦肉率水平均高于纯种猪，不同杂交组合之间又存在差异，而三品种杂交比两品种杂交效果好。实践证明，一般以国外优秀品种为父本，以我国地方品种为母本，其后代增重速度的优势率为 10%~20%；饲料利用优势率在 5%~10%。

二、初生重、断奶重与性别、去势

（1）初生重与断奶重　仔猪初生重、断奶重与育肥期的增重呈正相关。仔猪的初生重大，则个体的生活力强，体质好，生长速度快，断奶体重也大，育肥期的增重速度也较快，饲料转化率高。因此，生产中应特别重视和加强母猪的饲养以及仔猪的培育，尽量提高仔猪的初生重和断奶重，为提高育肥猪的育肥效果奠定良好的基础。

（2）性别与去势　性别与去势对猪的育肥效果均有一定影响。公、母猪去势后，因为没有性激素的影响，表现出性情安静，性机能消失，食欲增强，能更好地利用所摄取的营养，使增重速度提高，肉的品质也得到改善。可见，去势有利于猪的育肥。实践证明，去势的公、母猪比未去势的公、母猪的增重速度分别提高10%和7%左右，饲料利用率和屠宰率也均比未去势的高。

三、饲料营养与环境条件

（1）饲料营养　饲料中营养水平及饲料结构不同，对猪的育肥以及胴体品质的影响很大。优良的品种以及合理的杂交组合只是提供了好的遗传基础，但如果没有科学的饲养管理也无法发挥它们的优势，饲养方式不当，瘦肉型的猪也会养肥，增重快的猪也会变慢。

饲料能量水平的高低对猪日增重和胴体瘦肉率的影响极大。一般来说，能量摄取越多，日增重越快，饲料利用率越高，但胴体脂肪含量也越多。蛋白质对猪的育肥也有影响，由于蛋白质不单是与育肥猪长肉有直接关系，而且蛋白质在机体中是酶、激素、抗体的主要成分，对维持新陈代谢、生命活动都有特殊功能，如果蛋白质摄取不足，不仅影响肌肉的生长，同时影响育肥猪的增重。在一定范围内，饲料蛋白质水平越高，增重速度越快，而且胴体瘦肉率也越高。值得注意的是，饲料中的氨基酸应达到均衡，尤其是限制性氨基酸，它不仅影响肌肉的生长，同时还影响肌肉的品质。此外，维生素、矿物质对猪的育肥也有很大影响。

（2）环境条件

1）温度。猪在育肥期需要适宜的温度，过冷或过热都会影响育肥效果，降低增重速度，因为气温过高，影响采食量，休息时间少。夏季要防止猪舍暴晒，要遮阳通风。气温过低，造成体热散失过多，为了维持正常体温，猪采食量增多，浪费饲料。因此，在生产中，做到猪舍冬季保温、夏季防暑是非常重要的。

2）湿度。湿度过高或过低对育肥猪都是不利的，但湿度是随着环境温度变化而产生影响的。高温条件下的高湿度造成的影响最大，其次是低温条件下的高湿状况。若环境温度适当，湿度在一定范围内变化对猪的增重无明显影响。

3）光照。实践证明,光照对猪的育肥影响不明显。

4）饲养密度。头数过多,饲养密度过大,使局部温度上升,采食量减少,饲料利用率和日增重下降,一般饲养密度为 0.8~1 头/米^2,每圈饲养 10~20 头。密度过小对猪育肥也有影响,尤其是冬季,散热快,维持日增重需要增加饲料,额外浪费饲料。

第三节 猪育肥前的准备工作

一、圈舍、设备的维修及消毒

在进猪前,首先对圈舍、饲槽、饮水器等进行维修,确保圈舍冬季保温、夏季防暑,饲养设备能正常投入使用。一切准备就绪后,对圈舍进行彻底清扫,对饲养设备进行洗刷,最后进行全面消毒。

二、仔猪的选购

仔猪的好坏对育肥效果影响很大,应选购优良杂交组合、体大强壮、体形外貌良好、健康的仔猪。这样的猪采食量大,生长发育快,增重迅速,生活力强,不易患病。

(1)选购优良杂交组合的仔猪 在一般情况下,杂交猪比纯种猪长得快,而多品种杂交猪又比二品种杂交猪长得快。目前选择三品种瘦肉型杂交猪,生长快,抗病性强,饲料转化率高,瘦肉多,出栏好卖,价格高,经济效益好。

(2)选购体大强壮的仔猪 体重大、活力强的仔猪,育肥期增重快,省饲料,发病和死亡率低。群众的经验是"初生多一两,断奶多一斤;入栏多一斤,出栏多十斤"。50~60 天断奶的仔猪,体重不能低于 10 千克。只图省本钱而购买生长落后的弱小仔猪育肥,往往得不偿失。

(3)选购体形外貌良好的仔猪 选购的猪应该具备身腰长,体形大,皮薄富有弹性,毛稀而有光泽,前躯宽深,中躯平直,后躯发达,尾根粗壮,四肢强健,体质结实等特征。

(4)选购健康的仔猪 某些慢性疾病,如猪气喘病、萎缩性鼻炎、腹泻等,虽然死亡率不高,但严重影响猪的生长速度,拖长育肥期,浪费饲料,降低养猪的经济效益。因此,选购仔猪时必须给予重视。一般来说,凡眼神精神,被毛发亮,活泼好动,常摇头摆尾,叫声清亮,粪成团,不腹泻,不排疙瘩粪和干球粪,都是健康仔猪的表现。反之,精神萎靡不振,毛粗乱无光泽,叫声嘶哑,鼻尖发干,粪便不正常,说明仔猪不健康。

另外,选购仔猪时一定要问明是否做过猪瘟、非洲猪瘟、猪丹毒、猪繁殖与呼吸综合征等疾病的预防接种。

（5）**就近选购，挑选同窝猪** 如附近有杂交繁殖猪场，应优先作为选购对象。就近购猪，节省运输费用，使仔猪少受运输之苦，又易了解猪的来源和病情，避免带入传染病。如果一次购买数头或几十头仔猪，最好按窝挑选，买回来按窝同圈饲养，这样可避免不同窝的猪混群后互相殴斗，影响生长发育（图7-1和图7-2）。

 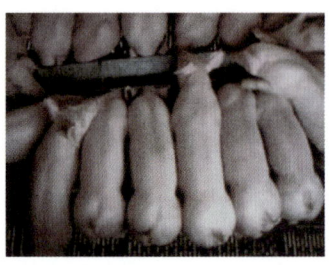

图7-1 到附近的猪场选购仔猪　　图7-2 选购同窝仔猪

三、仔猪的疫病预防与驱虫

（1）**仔猪的疫病预防** 按防疫要求制订防疫计划，安排免疫程序。预防注射时要按疫苗标签规定部位及免疫程序、剂量及时准确地操作。预防注射应与去势、驱虫等工作分开进行。

（2）**仔猪的驱虫** 在育肥前，要对仔猪普遍进行一次体内驱虫和体外灭虱及根治疥癣病的预防工作。

四、育肥猪的饲料贮备

根据配合饲料的要求和一定时期饲料需要量，购进相关饲料或原料。

第四节　生长猪的育肥方式与饲喂方式

一、生长猪的育肥方式

（1）**传统育肥方式** 过去农村养猪多采取阶段性育肥法，即"吊架育肥法"。按体重或月龄把整个育肥期划分为小猪、架子猪和催肥三个阶段，把精饲料重点用在小猪和催肥阶段，而在架子猪阶段尽量利用青饲料和粗饲料。

1）小猪阶段。从断奶体重10多千克喂到25~30千克，饲养时间为2~3个月，喂给较多的精饲料，搭配适量粗饲料。保证其骨骼和肌肉正常发育。

2）架子猪阶段。从体重25~30千克喂到50千克左右，饲养时间为4~5个月，喂给大量青、粗饲料，搭配少量精饲料，有条件的可实行放牧饲养，适时补充精饲料，促进骨骼、肌肉和皮肤的充分发育，而且猪的消化器官也得到很好的锻炼，为以后催肥期的大量采食和迅速增重打下良好基础。

3）催肥阶段。猪体重达 50 千克以上进入催肥期，饲喂时间为 2 个月左右，增加精饲料的给量，尤其是含碳水化合物较多的精饲料，限制猪运动，加速猪体内的脂肪沉积，外表呈现肥胖丰满。一般喂到 80~90 千克，即可出栏屠宰，平均日增重约为 0.5 千克。

（2）快速育肥法　这是目前常采用的方法。

1）直线育肥法。从仔猪断奶到育肥结束，都给予完善营养，精心管理，没有明显的阶段性。在整个育肥过程中，充分利用精饲料，让猪自由采食，不加以限制。

2）阶段育肥法。在配料上，以猪在不同生理阶段的不同营养需要为基础，能量水平逐渐提高，而蛋白质水平逐渐降低。

①二阶段育肥法。将肉猪的整个育肥期分为 2 个段，育肥猪体重 60 千克前为育肥前期，体重 60 千克以后为育肥后期。在育肥前期，日粮含消化能 12.5~12.97 兆焦/千克，含粗蛋白质 16%~17%，采用自由采食或不限量饲喂；在育肥后期，适当提高能量水平，降低蛋白质水平，实行限food。这种方法适合于中小规模的养猪场和养猪户。

②三阶段育肥法。为了使肉猪的育肥过程更加科学、高效。通常在充分考虑肉猪在不同阶段的生长发育特点的前提下，将肉猪的整个育肥期分为 3 个阶段，即 20~35 千克为育肥前期，35~60 千克为育肥中期，60 千克以后为育肥后期，在不同体重阶段提供不同的饲料。

二、生长猪的饲喂方式

生长猪的饲喂方式可分为自由采食与限制饲喂 2 种。

育肥猪采取自由采食方式（图 7-3），有利于日增重但体脂肪量多，胴体品质较差，有时还会造成采食过多而造成消化不良。

育肥猪采取限制饲喂方式（图 7-4），可提高饲料利用率和猪体瘦肉率，但增重不如自由采食快。

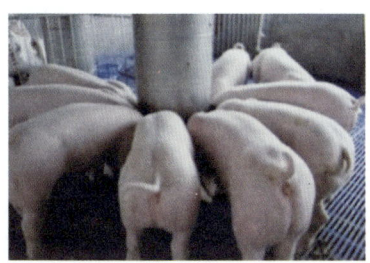

图 7-3　自由采食　　　　　　　图 7-4　限制饲喂

第五节 僵猪的脱僵与架子猪的催肥

一、僵猪的脱僵措施

僵猪一般又称"小老猪"。在猪生长发育的某一阶段,由于遭到某些不利因素的影响,使猪长期发育停滞,虽饲养时间较长,但体格小,被毛粗乱,极度消瘦,形成两头尖、中间粗的"刺猬猪"。这种猪吃料不长肉,给养猪生产带来很大的损失。

(1)造成僵猪的原因　第一是由于母猪在妊娠期饲养不良,母体内的营养供给不能满足胎儿生长发育的需要,致使胎儿发育受阻,产出初生重很小的"胎僵"仔猪;第二是由于母猪在泌乳期饲养不当,泌乳量不足,或对仔猪管理不善,如初生弱小的仔猪长期吸吮干瘪的乳头,致使仔猪发生"奶僵";第三是由于仔猪长期患寄生虫病及代谢性疾病,形成"病僵";第四是由于仔猪断奶后饲料单一,营养不全,特别是缺乏蛋白质、矿物质和维生素,导致断奶后仔猪长期发育停滞而形成"食僵"。

(2)脱僵措施　形成僵猪的原因是多方面的,而且相互联系,要防止僵猪的出现和使僵猪脱僵,必须采取以下综合措施。

1)加强母猪妊娠后期和泌乳期的饲养,保证仔猪在胎儿期能获得充分发育,在哺乳期能吃到较多营养丰富的乳汁。

2)合理给哺乳猪固定乳头,提早补料,提高仔猪断奶重,以保证仔猪健康发育。

3)做好仔猪的断奶工作,做到饲料、环境和饲养管理措施三个逐渐过渡,避免断奶仔猪产生各种应激反应。

4)搞好环境卫生,保证母猪舍温暖、干燥、空气新鲜、阳光充足。做好各种疾病的预防工作,定期驱虫,减少疾病。

5)采取适宜的脱僵措施。发现僵猪,及时分析致僵原因,排除致僵因素,单独喂养,加强管理,有虫驱虫,有病治病,并改善营养,加喂饲料添加剂,促进机体生理机能的调整,恢复正常生长发育。一般情况下,在僵猪饲料中,加喂0.75%~1.25%的土霉素,连喂7天,待发育正常后加0.4%,每月1次,连喂5天,适当增加动物性饲料和健胃药,以达到宽肠健胃、促进食欲、增加营养的目的,并加倍使用复合维生素添加剂、微量元素添加剂、生长促进剂和催肥剂,促使僵猪脱僵,加速催肥。

二、架子猪的催肥措施

当架子猪体重达50千克以上即进入催肥期。催肥前首先要进行驱虫和健胃,因为架子猪阶段管理比较粗放,猪进食生饲料,拱吃泥土、脏物,尤其在放牧条件下,难免要感染蛔虫等寄生虫，在猪体内吸收大量营养，影响猪的育肥。驱虫药物可选用兽药敌百虫，每千克体重 60~80 毫克，拌入饲料中一次服完。在驱虫后 3~5 天，用大黄碳酸氢钠片拌入饲料中饲喂，即按每 10 千克体重 2 片的标准，将大黄碳酸氢钠片研成粉末，均分三餐拌入饲料，这样可增强胃肠蠕动，有助于消化。健胃后便开始增加饲料营养，开始催肥。催肥前一个月，饲料力求多样化，逐渐减少粗饲料的喂量，加喂含碳水化合物多的精饲料如玉米、糠麸、薯类等，并适当控制运动，以减少能量的消耗，利于脂肪的沉积。这时猪食欲旺盛，对饲料的利用率高，增重迅速，日增重一般达 0.5 千克以上。催肥后一个月，因体内已沉积了较多的脂肪，胃肠容积缩小，采食量日渐减少，食欲下降，这时应调整饲料配方，进一步增加精饲料用量，降低饲料中青、粗饲料比例，并尽量选用适口性好、易消化的饲料（催肥猪饲料配方参见表 7-1）；适当增加饲喂次数，少喂勤添，供给充足饮水，保持环境安静，注意冬季舍内保温，夏季通风凉爽，使其进食后充分休息，以利于脂肪沉积，达到催肥的目的。

表 7-1 催肥猪饲料配方

饲料原料	豆饼	麸皮	大麦	玉米	骨粉	食盐
混合精饲料比例（%）	10.0	10.0	50.0	28.6	0.7	0.7

第六节 猪快速育肥需要的环境条件与饲养管理

一、猪快速育肥需要的环境条件

猪的快速育肥，由于饲养密度大、饲养周期短，因而对环境条件的要求比较严格。只有创造适宜的小气候环境，才能保证生长育肥猪食欲旺盛，增重快，耗料少，发病率和死亡率低，从而获得较高的经济效益。

（1）温度　猪是恒温动物，在一般情况下，如气温不适，猪体可通过自身的调节来保持体温的基本恒定，但这时需要消耗许多体力和能量，从而影响猪的生长速度。生长育肥猪的适宜温度：体重 60 千克以下为 16~22℃；体重 60~90 千克为 14~20℃；体重 90 千克以上为 12~16℃。

（2）湿度　湿度对生长育肥猪的影响小于温度。但湿度过高或过低对生长育肥猪也是不利的。当高温、高湿时，猪体散热困难，猪感到更加闷热；当低温、高湿时，猪体散热量显著增加，猪感到更冷，而且高湿环境有利于病原微生物的繁殖，使猪易患疥癣、湿疹等皮肤病。反之，空气干燥，湿度低，容易诱发猪的呼吸道疾病，猪舍适宜的相对湿度为 60%~80%，如果猪舍内启用采暖设备，相对湿度应降低 5%~8%。

（3）光照　在一般情况下，光照对猪的育肥影响不大。育肥猪舍的光线只要不影响猪的采食和便于饲养管理操作即可，强烈的光照会影响猪休息和睡眠。建造生长育肥猪舍以保温为主，不必强调采光。

（4）有害气体　猪舍内由于粪便、饲料、垫草的发酵或腐败，经常分解出氨气、硫化氢等有毒气体，而且猪的呼吸又会排出大量的二氧化碳。如果猪舍内二氧化碳的浓度过高，会使猪的食欲减退，体质下降，增重缓慢。氨气和硫化氢对人和猪都有害，严重刺激和破坏黏膜、结膜，会诱发多种疾病。因此，猪舍内要经常注意通风，及时处理猪粪尿和脏物，注意合适的饲养密度。

（5）噪声　噪声对生长育肥猪的采食、休息和增重都有不良影响。如果经常受到噪声的干扰，猪的活动量大增，一部分能量用于猪的活动而不能增重，噪声还会引起猪惊恐，降低食欲。

（6）饲养密度　如果饲养密度过高，群体过大，可导致猪群居环境变劣，猪间冲突增加，食欲下降，采食减少，生长缓慢，猪群发育不整齐，易患各种疾病。在一般情况下，饲养密度以每头生长育肥猪占 0.8~1.0 米^2 为宜；猪群规模以每群 10~20 头为宜。

（7）组群　不同猪种的生活习性不同，对饲养管理条件的要求也不同。因此，组群时应按猪种分圈饲养，以便为其提供适宜的环境条件。另外，组群时还要考虑猪的个体状况，不能把体重、体质参差不齐的仔猪混群饲养，以免强夺弱食，使猪群不整齐。组群后要保持猪群的相对稳定，在饲养期内尽量不再并群，否则不同群的猪相互咬斗，影响其生长和育肥。

二、猪快速育肥的饲料选择

饲料构成是否合理是猪生长育肥速度和经济效益的关键性因素。一个好的饲料必须达到以下要求：饲料在能量、蛋白质和氨基酸、矿物质及维生素营养上要能满足生长育肥猪的需要，饲料适口性要好，粗纤维水平适当，保证消化良好，猪不腹泻、不便秘；饲料要保证生长育肥猪能生产出优质的肉脂；饲料的成本要低。

若采用分期饲养方式，体重 60 千克以下为饲养前期，体重 60 千克以上为饲养后期。饲养前期的饲料中的消化能含量为 12.55~13.39 兆焦／千克，粗蛋白质含量为 16%~17%；饲养后期的饲料中的消化能含量为 12.97~13.81 兆焦／千克，粗蛋白质含量为 12%~14%。

生长育肥猪的饲料应以精饲料为主，适当搭配青、粗饲料，使饲料中粗纤维含量控制在 6%~8% 以内。生长育肥猪的饲料配方可见表 7-2。

表 7-2 生长育肥猪的饲料配方（%）

饲料原料	兼用型杂交猪				瘦肉型杂交猪			
	配方1		配方2		配方1		配方2	
	前期	后期	前期	后期	前期	后期	前期	后期
玉米	45.0	50.0	50.0	47.0	35.0	37.0	45.0	48.0
高粱	10.0	10.0	15.0	10.0			10.0	10.0
大麦					30.0	35.0		
麸皮	10.0	10.0	6.0	6.0	11.0	14.4	10.0	8.0
花生饼			5.0	5.0				
豆饼	12.0	8.0	9.0	7.0	7.0	5.0	12.0	10.0
菜籽饼	3.0	3.0	5.0	4.0				
葵花籽饼	5.0	7.0	5.0	4.0			5.0	5.0
棉籽饼					7.0	5.0	8.0	8.0
米糠	5.0	5.0		10.0			5.0	5.0
鱼粉	3.0				8.5	2.0	3.5	
草粉	5.5	5.5	3.5	5.5				4.5
贝壳粉	0.7	0.7	0.6	0.8	1.2	1.3	1.0	1.0
骨粉	0.5	0.5	0.5	0.3			0.2	0.2
食盐	0.3	0.3	0.4	0.4	0.3	0.3	0.3	0.3

注：可另加 20%~30% 的青饲料，多种维生素、微量元素及促生长添加剂等按药品说明添加。

三、猪快速育肥的管理要点

（1）定时定量（图 7-5） 喂猪规定一定的次数、时间和数量，使猪养成良好的生活习惯，吃得饱，睡得好，长得快。一般在饲养前期每天喂 5~6 顿，在饲养后期每天喂 3~4 顿，每次喂食时间的间隔应大致相同，每天最后一顿要安排在 21：00 左右。每头猪每天喂量，一般体重 15~25 千克的猪喂 1.5 千克，25~40 千克的猪喂 1.5~2 千克，40 千克以上的猪喂 2.5 千克以上。每顿喂量要基本保持均衡，可喂九分饱，使猪保持良好的食欲。饲料增减或换品种，要逐渐进行，猪的消化机能逐渐适应。

（2）先精后青 喂食时，就先喂精饲料，后喂青饲料，并做到少喂勤添，一般每顿食分 3 次投料，让猪在半小时内吃完，饲槽不要剩料，然后每头猪喂青饲料 0.5~1.0 千克，青饲料洗干净不切碎，让猪咬吃咀嚼，把更多的唾液带入胃内，以利于饲料的消化。

（3）喂湿拌生料 生喂既能保证饲料营养成分不受损失，又能节省人工和燃料。

除马铃薯、芋头、南瓜、木薯、大豆、棉籽饼等含有害物质需要熟喂外，其他大部分植物性饲料均应生喂。精饲料喂前最好制成湿拌料，即先把一定量的配合精饲料放进桶（缸、池）内，然后按1：（1~1.3）的料水比例加水，加水后不要搅动，让其自然浸没，夏、秋季浸3小时，冬、春季浸4~5小时，用浸泡后湿拌料喂猪，促进饲料软化，有利于猪胃肠消化吸收。

（4）及时供水　水分对猪体内养分的运输、体液分泌、体温调节、废物排除都有重要作用，因此必须让猪喝足水（图7-6），如采用湿拌料，在吃完食之后，要给猪喝清水。冬季供给温水，夏、秋季为冷清水。

（5）注意预防疾病　在养猪之前，圈舍就进行彻底清扫和消毒（图7-7）。准备育肥的仔猪应做好各种疫苗接种，在育肥期间要注意环境卫生，制订严密的防病措施，为育肥猪创造舒适的小气候环境，确保育肥猪健康无病。

图 7-5　定时定量

图 7-6　让猪喝足水

图 7-7　猪舍消毒

（6）适时出栏　猪的一生是前期长肉，后期长膘，生长育肥猪达到一定年龄后，随着体重增长，料肉比逐渐增大，瘦肉率逐渐降低，因此存栏时间不宜过长，出栏体重不宜过大。反之，存栏时间短，出栏体重小，虽然能降低料肉比，提高瘦肉率，但每头猪的产肉量减少，又提高了猪肉成本，对养猪生产不利。考虑育肥猪的胴体品质和养猪的经济效益，出栏时期应安排在6~7月龄、体重90~110千克为宜。

第七节　快速育肥瘦肉型猪的饲养管理特点

一、快速育肥瘦肉型猪应注意的问题

（1）猪的品种　要求育肥的猪应是瘦肉型品种，或者是瘦肉率较高的杂交种。

（2）初生重与断奶重　仔猪初生重越大，生活力、抗病力越强，生长速度越快。断奶重越大，在育肥期增重快，死亡少，饲料利用率高。

（3）营养水平　营养水平直接关系到猪的生长速度，用单一饲料喂猪，生长速度

慢，饲养期长达半年以上，出栏料肉比常在5∶1左右；而用配合饲料喂猪，生长速度明显加快，饲养期大为缩短，出栏料肉比可降至3.5∶1左右。一般要求猪饲料蛋白质含量，前期为16%~18%，后期为14%左右。

（4）饲料品质　饲料的品质也会影响到猪的育肥，如饲料结构、调制方式、适口性等。饲料要多样化，一般宜采用稠粥料或生湿拌料。

（5）去势与驱虫时间　去势时间宜安排在仔猪1月龄左右。及时驱除猪体内外寄生虫，如蛔虫、猪体虱等，一般宜安排在育肥前进行。

（6）环境条件　如温度、湿度、饲养密度、猪舍的卫生状况等都应根据猪的需要调整到比较好的范围。一般温度控制在15~20℃，相对湿度宜控制在55%~70%，饲养密度应在0.8~1.0头/米^2。

二、提高出栏猪的瘦肉率的有效措施

（1）饲养瘦肉型品种　猪出栏屠宰后胴体瘦肉率与饲养品种有很大关系，瘦肉型品种遗传品质好，胴体瘦肉率高。因此，生产中要选择瘦肉率高的猪种来进行育肥，如长白猪、杜洛克猪、汉普夏猪等引进的国外品种以及由这些品种猪作为父本的杂交猪，它们的屠宰率和胴体瘦肉率都比较高。

（2）科学提供营养　实践证明，瘦肉猪的配合饲料，需含中等能量和较多的蛋白质。猪的生长发育过程，大体可分为"小猪长骨，中猪长肉，大猪长膘"三个阶段。就是说，猪年龄越小，体重越轻，骨骼生长越快。随年龄、体重的增加，肌肉长势加强，一般体重15~60千克时肌肉充分生长，60千克以上则加快了脂肪的沉积。因此，瘦肉型猪的配合饲料每千克只需含12.55兆焦左右的消化能。蛋白质的含量需分前期、后期两个标准，前期（体重15~60千克）饲料中含粗蛋白质17%左右，后期（体重60~90千克）含粗蛋白质14%左右。

（3）改善饲喂技术　在饲养方式上，应采用"前催后控"的育肥方法。营养水平由高到低，有利于瘦肉的生长。试验表明，猪生长前期脂肪沉积平均每天增长29~120克，而体重60千克以上高达120~378克。因此，前期让猪吃饱（不限量），充分发育肌肉；后期适当控制喂量（喂到八九成饱），以减少脂肪沉积。

瘦肉型猪要喂湿拌料。试验证明，湿拌料比汤料容易被猪消化吸收，符合生理要求，也便于饲喂。湿拌料与水的比例为1∶（1.25~1.5），以手握指缝不滴水为宜。日喂次数，小猪阶段为4次，体重50千克以上3次，饮水不限。

（4）创造良好的环境条件　良好的环境条件有利于蛋白质的沉积，提高瘦肉率。

（5）适时出栏屠宰　尽量缩短育肥期，降低出栏体重，一般在猪养到5~6月龄、体重达90~100千克时出栏屠宰，较为适宜。超过6月龄，胴体中脂肪含量明显增多。

三、不同季节养猪的管理特点

春夏秋冬气候变化很大，只有掌握客观规律，加强季节性饲养管理，才能有利于猪的生长发育。

（1）春季防病　春季气候温暖，青饲料幼嫩可口，是养猪的好季节。但春季空气湿度大，温暖潮湿的环境给病菌创造了大量繁殖的条件，加上早春气温忽高忽低，而猪刚越过冬季，体质较差，抵抗力较弱，容易感染疾病。因此，春季也是猪疾病多发季节，必须做好防病工作。

在冬末春初，对猪舍要进行一次清理消毒，搞好猪舍的卫生并保持猪舍通风透光，干燥舒适。寒潮来临时，要堵洞防风，避免猪受寒感冒。

消毒时可用新鲜生石灰按1∶（10~15）的比例加水，搅拌成石灰乳，然后将石灰乳刷在猪舍的墙壁、地面、过道上即可。

春季还要注意给猪注射猪瘟、猪肺疫、猪丹毒等各种疫苗，以预防各种传染病的发生。

（2）夏季防暑　夏季天气炎热，而猪汗腺不发达，尤其育肥猪皮下脂肪较厚，体内热量散发困难，使其耐热能力很差。到了盛夏，猪表现出焦躁不安，食量减少，生长缓慢，容易发病。因此，在夏季要注重做好防暑降温工作。降温措施可采取让猪舍通风；遮阴；在猪舍地面洒水降温；在饲喂前给猪身上冲水降温；在猪舍一角设浅池让猪自动到池内纳凉。另外，还应该保证足够的凉水供猪饮用，并注意猪舍内驱蝇灭蚊，使猪能安静睡觉。

（3）秋季育肥　秋季气温适宜，饲料充足、品质好，是猪生长发育的好季节。因此，应充分利用这个大好时机，做好饲料的贮备和猪催肥工作。

（4）冬季防寒　冬季寒冷，为维持体温恒定，猪体将消耗大量的能量。如果猪舍保暖，就会减少这个不必要的能量消耗，有利于生长育肥猪的生长和育肥，提高饲料转化率。

在寒冬到来之前。要认真修缮猪舍，用草帘、塑料薄膜等把漏风的地方遮挡堵严，防止冷风侵入。在猪舍内勤清粪便，勤换垫草，并适当增加饲养密度，保证猪舍干燥、温暖。

第八节　塑料暖棚养猪新技术

北方地区冬季漫长、寒冷，没有保温措施，养猪白搭饲料不增重，给养猪业造成较大经济损失，而塑料暖棚养猪解决了北方养猪生产的这一难题。

一、塑料暖棚猪舍的原理

（1）充分利用太阳能，提高舍内温度　有资料介绍，在温带地区冬季白天，每平方厘米的地表面，每分钟可获得太阳能 41.84 焦耳左右。在太阳光中有 75% 的可见光、5% 的紫外线和 45% 的红外线可透过塑料膜照入舍内，并在舍内积蓄。在夜间，蓄积在舍内的太阳能以波长 3~10 微米的长波红外线方式向外释放。据测试，晴天的夜晚，地表面释放的热量大部分阻止在舍内。这种长波的透过率为 10%，也就是说尚有 90% 的地表热被阻止在舍内。

（2）利用猪体温与塑料膜相互作用，能升高舍内温度　猪摄入饲料后产生一定的热量，不断以辐射、对流传导和蒸发等方式向外扩散。在塑料棚舍内，这部分热能的大部分被阻止在舍内，可提高舍内温度。

（3）利用塑料膜封闭性，可以减缓舍内寒冷气流对猪体的影响　塑料膜透气性差，封闭性能好，利用塑料棚饲养猪可减少舍内风速。据测试，冬季某天 9：00 塑料棚猪舍内的平均风速为 0.16 米/秒，而在同一时间敞圈内的平均风速为 2.2 米/秒，可见在塑料棚内，猪体的对流散热量减少，控制或减缓了寒冷气流对猪体的不良影响，降低了猪的维持需要。

（4）利用热压换气原理，进行自然通风　由于塑料棚舍内温度高，与棚外温差又较大，使变轻的热空气聚集在棚顶附近。当把设在棚顶部的排气口和设在圈门处的进气口打开时，根据热压换气原理，热空气（污染空气）由排气口排出，新鲜空气由进气口进入。这样不仅可以达到通风换气的目的，还可有效地调节舍内温度，降低舍内有害气体的含量。

二、塑料暖棚建筑模式

（1）塑料暖棚猪舍地址选择　地址要选择在地势高燥、背风向阳，无高大建筑物遮蔽处。坐北朝南或稍偏东南，交通方便，水源充足，水质良好，用电方便，远离主要公路干线，便于防疫。

（2）棚舍的入射角及塑料膜的坡度　塑料暖棚的入射角是指塑料薄膜的顶端与地面中央一点的连线和地面间的夹角，要大于或等于当地冬至正午时的太阳高度角。塑料膜的坡度是指塑料膜与地面之间的夹角，应控制在 55°~60° 之间，这样可以获得较高的透光率。

（3）建筑材料的选择　修建塑料暖棚的材料可就地取材。墙可用砖或石头等砌成，圈外设贮粪池。后坡棚顶可用木板、竹子、板皮、柳条等铺平，上面铺以废旧塑料膜、编织袋、油毡等，再用黄泥掺麦草或锯末抹平，上面盖瓦或石棉瓦等。棚支架用木材、竹子、钢筋、硬塑料等均可。棚杆间距 0.5~0.8 米为宜。

（4）通风换气口的设置　塑料暖棚猪舍的排气口应设在棚顶部的背风面，高出棚顶 50 厘米，排气孔顶部要设防风帽。猪舍进气口应设在南墙或东墙的底部，距地面 5~10 厘米。进气口面积为出气口一半。也可不设进气口，通过门进气。一般面积为 16 米^2 的猪舍可养育肥猪 10~12 头，设置一个 25 厘米 × 25 厘米的排气口即可。

（5）塑料暖棚猪舍的模式　棚舍建造尺寸一般为，猪舍前高 1.5 米，后高 1.7 米，脊高 2.5 米，内部总跨度为 5 米（图 7-8），猪舍长度视饲养规模而定。门设在猪舍背风一侧，规格为 1.65 米 × 0.8 米，每间猪舍在后墙高 1 米处留 0.4 米 × 0.3 米通风窗一处，夏季通风，冬季关闭。每间顶部设 0.25 米 × 0.25 米的排气口一个。猪舍后部为饲喂通道，用砖或铁栅栏将通道与猪舍隔开。水泥地面坡度为 0.5%，前坡长，冬季扣塑料膜；后坡短，为保温棚顶（图 7-9）。

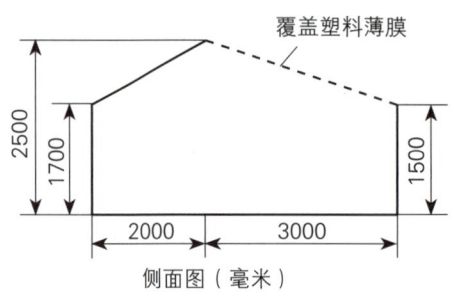

图 7-8　塑料暖棚猪舍侧面示意图

图 7-9　塑料暖棚猪舍

三、塑料暖棚猪舍的管理

（1）选好扣棚用塑料膜　在选好舍址的基础上，棚舍能否发挥更好的作用，选用塑料膜是关键环节之一。选择塑料膜要按建棚标准选择，并要注意选择无毒膜。扣膜时无论是新建舍，还是在原有旧舍基础上改建，均应采取有效措施，确保棚舍是严密的。在塑料膜与地面（墙）的接触处，要用泥土压实，防止风进入，发现破漏时及时粘补。

（2）适时扣棚和揭棚　东北地区适宜扣棚时间为 10 月下旬至第二年 3 月。进入 3 月外界气温逐渐回升，应逐渐扩大揭棚面积，切不可一次性揭掉，目的是防止猪发生感冒。

（3）做好保温工作　塑料暖棚一般只覆盖一层塑料膜，在北方寒冷季节里，保温还是不行的，为了提高塑料棚保温效果，还必须备有草帘或尼龙保温布，将其一端固定在棚的顶端，白天卷起来固定在棚舍顶端，晚上覆盖在塑料膜的表面，起到保温作用。同时还要经常巡视棚外有无破裂及漏洞，保持塑料膜清洁，并经常清扫塑料膜上的灰尘，以免影响透光率。

（4）适时通风换气　棚舍内中午温度最高，并且舍内外温差较大，因此，通风换气应在中午前后进行，每次换气时间以 10~20 分钟为宜，通风时间的长短，因猪的大小及有害气体的含量而定。

四、饲养管理配套技术

（1）选择优良猪种　猪的生产性能高低首先取决于自身的遗传潜力，不同品种猪的遗传潜力大不相同。在生态养猪过程中必须实现良种化，最好是选用生长发育快、早熟、抗逆性强的杂交种，如杜洛克猪 × 本地猪、长白猪 × 本地猪、杜洛克猪 × 长白猪 × 本地杂交猪等。

（2）合理饲喂

1）科学搭配饲料。根据当地饲料原料资源、生长育肥猪的营养需要和饲养标准，确定其饲料原料种类进行加工配合。应彻底改变"有啥喂啥"的传统方法，实行全价饲料喂养。

2）合理调制饲料。猪的饲料只有经过科学加工调制，才能提高饲料利用率。如粉碎的谷物比整粒的谷物、颗粒料比粉状料均可提高利用率 5%~10%，玉米等谷物饲料的粉碎细度以中等程度（直径为 1.2~1.8 毫米）为好。青饲料打浆饲喂比切碎喂消化率可提高 3% 左右。粗饲料粉碎发酵饲喂，可提高适口性和消化率。

3）饲料要生喂、干喂。我国农村养猪大都习惯熟料稀喂。此方法有不少缺点，应提倡生喂或干喂，这样饲喂不但可以克服熟料稀喂的缺点，而且还可以把饲料制成干粉料、颗粒料等各种形态的全价饲料，便于运输和保存。非粉状饲料可直接投入饲槽内让猪采食；粉状饲料既可干喂，也可用水按水料比 1∶1 拌成湿料投入饲槽喂猪。拌湿料时千万不能过稀。其标准为用手握住湿料时，指缝间不滴水，松手后料自然散开。湿料拌后不宜立即喂猪，否则达不到软化饲料的目的；也不宜停放时间过长再喂，因为这样可使水溶性维生素失效。一般适宜时间为 2~4 小时。

4）饲料限量饲喂。为了节省饲料，提高饲料转化率和胴体质量，活重 60 千克以上的育肥猪可采用两种限制食量方法。一种是将原饲喂的高能饲料的饲喂量减少到随意采食量的 90%~95%；另一种是在饲料中加入适量的优质青干草粉，使原高能饲料降为低能饲料，让猪随意采食。

5）饲料不限量饲喂。此方法适用于商品猪饲养前期育肥。若机械化养猪，即把按标准配合的饲料，一般 7~10 天给自动饲槽内投装 1 次，任猪自由采食，不加限制；手工操作，经常添料，保持饲槽常有料。这样可以充分发挥猪的生产潜力。

6）饲料少给勤添，先粗后精。猪喜吃鲜食，饲喂时少给勤添，一般每天喂 3~4 次。每次喂猪时先喂青饲料，后喂精饲料，这样可以增加猪的食欲。

7）供给充足的饮水，并保证清洁无污染。

（3）科学管理

1）合理分群。应根据猪的性别、体重、体质强弱等情况分群饲养，一般每群以10~15头为宜。

2）正确调教。调教在小猪一进暖棚就开始，平时应与猪多接近，采取以食引诱、触摸抓痒、温和呼唤等方法进行调教。这样猪就会逐渐形成排泄、采食、睡觉三定位，减少污染。

3）严格控制棚舍内的温、湿度。在10月末至11月初要及时扣好暖棚；在冬季最冷的时候，当舍内温度低于10℃时，可适当生火加温。猪舍内饲养密度大，冲洗猪舍经常用水，若不注意，容易造成猪舍内湿度过大。因此，排湿也是暖棚养猪的关键一环。应采取适当通风措施，保持舍内60%~70%的相对湿度。

4）保持适当的饲养密度。仔猪每头占0.3~0.5米^2，成年猪每头占1.0~1.2米^2，不能过于拥挤，一般每圈养10~12头猪较为合适，同时，要及时将棚圈内个体发育小的猪挑出来，另行饲养，每圈的猪体重不能相差太大。

5）搞好卫生防疫。建立健全卫生防疫消毒制度。猪在入棚前，要将棚舍清扫干净、并对地面、墙壁进行彻底消毒，除用消毒药水喷洒地面和墙壁外，还可用甲醛熏蒸消毒，按每立方米容积用甲醛30毫升、高锰酸钾15克进行封闭熏蒸1~2小时。棚舍入口处增设石灰池，加强消毒，消毒液每周更换一次。圈舍每半个月用常规消毒药水进行一次消毒。另外，一般在断奶后20天进行一次驱虫，以后每隔2个月或体重每增加40千克驱虫一次。

仔猪入棚后，每天清扫粪便两次，以防粪便堆积发酵，产生有害气体，影响猪的生长发育。

暖棚养猪一般每年进行春秋二季防疫，注射各种传染病疫苗，对育肥猪进行一次疫苗注射。育肥猪出栏后，彻底消毒。

6）注意观察。一是注意猪的食欲和行为；二是要注意观察粪便和卧息姿势。发现异常，应尽快进行诊治。

（4）适时出栏

1）品种不同，出栏时间不同。一般早熟型品种应早出栏，而晚熟品种应晚出栏。

2）掌握增重规律，确定出栏时间。生长育肥猪随着体重的逐渐增大，其增重速度加快。当体重达到一定程度时，其增重速度缓慢，这时应及时出栏。

第八章
猪常见病及防治

第一节 猪常见的传染病及防治

一、猪瘟

猪瘟是由猪瘟病毒引起的急性、热性、高度接触性传染病。急性型以败血症及剖检所见内脏器官出血、坏死和梗死为特征；慢性型以纤维素坏死性肠炎为主要特征。

【流行特点】本病在自然条件下只感染猪。不同品种、年龄、用途的家猪和野猪均易感染。本病的发生没有季节性，在新疫区常急性暴发，发病率、死亡率均很高。在常发地区，猪群有一定的免疫力，病情常呈亚急性型或慢性经过。本病的感染途径主要是消化道和呼吸道，病猪的粪、尿及各种分泌物（唾液、鼻液等）排出大量病毒。通过直接接触或间接接触，被病毒污染的饲料、饮水、场地、各种工具等均可传染。此外，其他动物（猫、犬）、昆虫、鼠类等是机械性传染媒介。

【临床症状】潜伏期一般为5~10天。根据病程的长短和症状可分为急性型、慢性型和非典型猪瘟。

（1）急性型　病猪表现发病突然，症状急剧，体温升高到41~42℃，口渴，废食，怕冷，扎堆，钻草，堆叠，全身皮肤发红，耳、颈部皮肤出血，多数病猪有明显的脓性眼结膜炎（图8-1~图8-3），有的病猪出现便秘，随后出现腹泻，粪便恶臭。妊娠母猪可出现流产，仔猪出现神经症状，如磨牙、痉挛、转圈等。特急性型病例甚至症状尚不明显即因败血症而死亡，一般在出现症状后几小时或几天内死亡。

图8-1　病猪发热，怕冷，扎堆，钻草，堆叠

图8-2　病猪全身皮肤发红

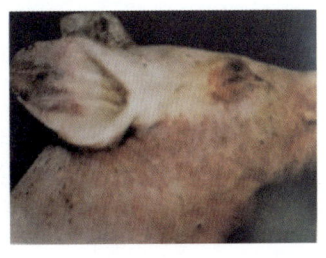

图8-3　病猪耳、颈部皮肤出血，眼结膜炎

（2）慢性型　多发于老疫区，也有的是由急性耐过转为慢性。病猪体温时高时低，猪体消瘦，贫血，喜卧，行动迟缓，食欲不振，猪体消瘦（图8-4），喜饮水，便秘和腹泻交替。有的病猪皮肤有紫斑或坏死痂，妊娠母猪流产，产死胎、木乃伊胎，病程多在4周以上。

（3）非典型猪瘟　近年来国内外发生较普遍的一种猪瘟病型，感染猪潜伏期长，症状轻微而且病变不典型。死亡率为30%~50%，有的病猪自愈后出现干耳和

图8-4　病猪行动迟缓，食欲不振，猪体消瘦

干尾，甚至皮肤出现干性坏疽并脱落。这种类型的猪瘟病程1~2个月不等，有的病猪出现肺炎感染和神经症状。新生仔猪常引起大量死亡，自愈猪变为侏儒或僵猪。

【病理变化】典型猪瘟，口腔黏膜有出血斑、溃疡，喉头有点状的出血点或出血斑（图8-5和图8-6），全身淋巴结肿大，尤其是肠系膜淋巴结，外表呈暗红色，中间有出血条纹（图8-7），切面呈红白相间的大理石样外观，扁桃体出血或坏死。肾脏呈土黄色，表面和切面有大量点状出血（图8-8），膀胱黏膜层布满出血点。脾脏肿大，边缘有时见到红黑色的坏死斑块（图8-9），似米粒大小，质地较硬，突出被膜表面。肺充血、有斑点状出血（图8-10和图8-11）。胃浆膜和结肠黏膜出血（图8-12和图8-13）。妊娠母猪感染病毒后，可见流产的胎儿水肿，表皮出血和小脑发育不全。

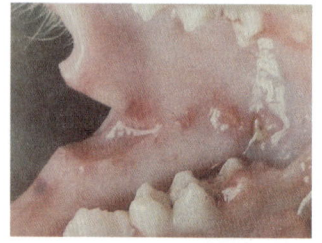

图8-5　病猪（急性型）口腔黏膜有出血斑、溃疡

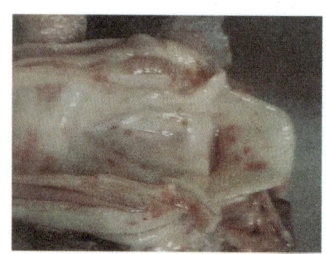

图8-6　病猪（急性型）喉头有点状的出血点或出血斑

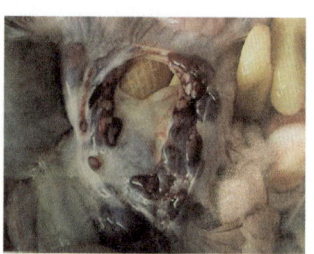

图8-7　病猪（急性型）肠系膜淋巴结肿大、出血

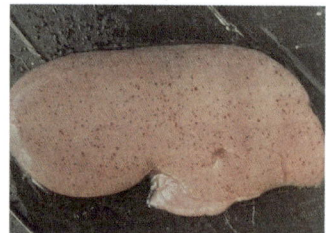

图8-8　病猪（急性型）肾脏表面有大量点状出血

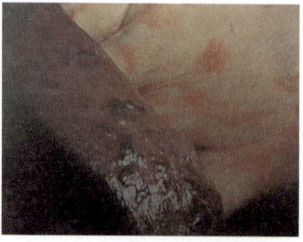

图8-9　病猪（急性型）脾脏肿大、边缘有红黑色坏死斑块

图8-10　病猪（急性型）肺有小点状充血、出血

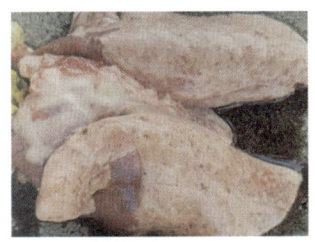 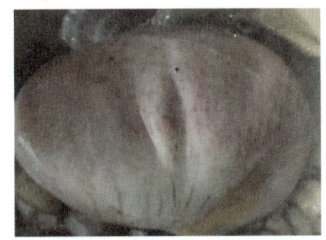 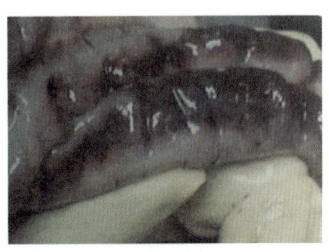

图 8-11 病猪（急性型）肺有斑点状出血　　图 8-12 病猪（急性型）胃浆膜上有大量出血点　　图 8-13 病猪（急性型）结肠浆膜出血

慢性型猪瘟病理变化轻微，如淋巴结呈水肿状态，轻度出血，脾脏稍水肿，膀胱黏膜仅有少数出血点，回盲瓣可能有溃疡、坏死，但很少有纽扣状溃疡等典型病变。

【防控措施】

1）及时进行疫苗接种，坚持定期春秋两季注射猪瘟兔化弱毒疫苗，不要漏注，注射后 4~6 天产生免疫力，免疫期可达一年以上。为了避免哺乳仔猪感染猪瘟，最好能在 20 日龄左右和断奶时各注射 1 次疫苗。

2）尽量做到自繁自养和圈养，严防从外地带入传染源。必须从外地购猪时，应先经预防注射后，再隔离饲养 2 周，方可混入猪群。

3）改善饲养管理，搞好栏舍、环境、饲具的清洁卫生工作。

4）发生猪瘟时，应马上对全群健康猪进行猪瘟疫苗接种，然后对可疑猪接种，尽早确诊，及时采取措施，把损失降到最低，目前尚无特效药物治疗本病，对可疑病猪隔离，病死猪进行无害化处理、深埋或焚烧均可，能利用的需经高温处理。发病猪舍、运动场及有关器械用 2%~3% 的氢氧化钠或其他强力消毒剂进行彻底消毒。粪尿及垫草、剩料等污物堆积发酵或烧毁。

二、非洲猪瘟

非洲猪瘟是由非洲猪瘟病毒所引起的一种急性致死性传染病，其临床特征为病程短，病死率高，病猪高热稽留，皮肤发绀，淋巴结和内脏器官严重出血。

本病症状类似猪瘟，但更为急剧，诊断比较困难，难以彻底消灭。

【流行特点】本病仅发生于猪，被病毒污染的饲料、饮水、用具及栏舍均是传染源，虱、蜱也可能是传播媒介，发病没有明显的季节性。机场和海港码头附近农民利用飞机、轮船的废弃物喂猪也能引起发病。初次暴发时死亡率高，以后逐渐下降，康复猪携带病毒时间长。

【临床症状】本病潜伏期为 5~15 天。

（1）最急性型　病猪常不显症状即突然死亡。有时病猪体温达 41~42℃，呼吸急促，皮肤充血、出血，病死率达 100%。

（2）急性型　病猪在高热初期仍采食，随后厌食，精神委顿，站立困难，行动无力，呼吸急促，伴有咳嗽，皮肤充血并发绀，耳、肢端、腹部广泛分布不规则瘀血斑、血肿和坏死斑（图 8-14）。后期常发生出血性肠炎，可出现腹泻和血便。死亡常在出现高热的 7 天内发生，死前 24 小时内体温常显著下降并昏迷不醒。

（3）亚急性型　症状与急性型相似。病初体温升高，持续几天或不规则波动，妊娠猪有流产现象。出现症状 6~10 天内死亡。病死率达 60%~90%。

（4）慢性型　症状极不一致。病猪一般出现精神委顿，体温达 39.5~40.5℃，呈不规则波浪热，还可见肺炎、呼吸困难等。皮肤可见坏死、溃疡、斑块或小结节。耳、关节、尾、鼻、唇等处可见坏死性溃疡脱落。腿关节软性肿胀、无痛，也见于颌部。病程可持续 1 个月至数月。或除生长缓慢外，无任何症状。大部分病猪能康复，终生带毒。

（5）隐性型　此病型非洲野猪中常见，家猪可能感染低毒所致，或由亚急性型或慢性型转化而来，外观体征健康，实际带毒，有引起本病的潜在危险。

【病理变化】最急性型病例以内脏严重出血为特征。未见症状即死，肉眼病变很少。急性型病例，病尸皮肤出血、发绀，颈腹部出血（图 8-15 和图 8-16）；脾脏肿大，色深，有时为黑色，极软易碎（图 8-17）；胃、肝脏、肠系膜淋巴结出血十分严重，有时像血块；肾脏（图 8-18 和图 8-19）、膀胱、肺、心、胆囊、胃肠道常见针尖状出血点和弥漫性出血；还常见心包积液、胸水、腹水和肺水肿。亚急性型的病变与急性

图 8-14　病猪精神委顿、厌食、体表有瘀血斑

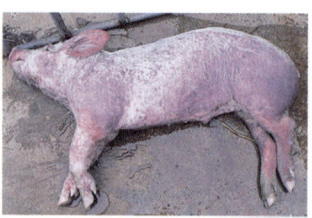

图 8-15　病猪尸体皮肤出血、发绀

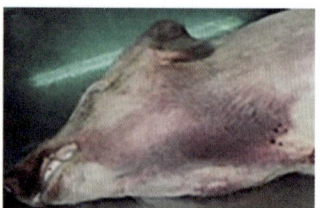

图 8-16　病猪颈腹部出血

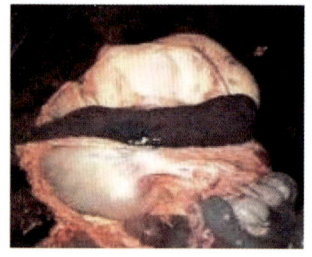

图 8-17　病猪脾脏肿大、易碎

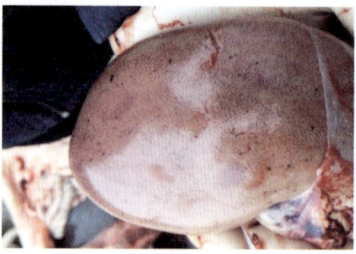

图 8-18　病猪肾脏有出血性瘀血点

图 8-19　病猪肾脏表面布满出血点

型相似但较轻,特征是淋巴结与肾脏大片出血,肺充血、水肿,大肠常见黏膜出血和血样内容物。慢性型病例,淋巴网状内皮组织增生是显著的特征之一,还常见纤维性蛋白心包炎和胸膜炎,肺部有干酪样坏死和钙化灶。慢性型死亡猪半数以上有肺炎病变。

【防控措施】

(1)预防措施　本病毒免疫机制尚不清楚。感染康复猪可以获得对同源强毒的抵抗力,对异源病毒不能提供有效保护。感染猪体内一般缺少非洲猪瘟病毒中和抗体,细胞介导免疫起主要作用。目前本病还没有商品化疫苗,因此对本病的防控,主要依靠综合性防控措施。

对于无非洲猪瘟的国家和地区,阻断非洲猪瘟病毒的传入是最为重要的防控手段,国际航班和邮轮的垃圾、食物残渣应及时处理,猪引种时应严格检疫。低致病性非洲猪瘟病毒毒株一般不会引起临床症状和病理变化,应采用多种实验室检测方法确诊。对非洲猪瘟呈地方流行性的国家和地区,改善生物安全及公共卫生设施,控制虫媒软蜱以及避免野猪和家猪的接触,严格控制家猪、野猪及猪副产品的流动,以避免病毒在畜群之间传播,防止疾病蔓延,但广泛的血清学检测和带毒猪淘汰及猪群净化是预防本病的根本措施。

(2)紧急扑灭措施　本病没有有效的治疗药物,一旦发生本病,应迅速进行实验室诊断,及时扑杀感染猪群并采取卫生防疫措施,严格限制可疑的非洲猪瘟病毒感染猪及猪产品的流动,谨防疫情扩散。对于无非洲猪瘟的国家和地区,一旦发生本病,应迅速启动本病扑灭计划,扑杀所有感染猪群,彻底消灭传染源,猪圈及活动场所、用具应彻底消毒,以防本病暴发流行。

三、猪口蹄疫

猪口蹄疫是由口蹄疫病毒引起的偶蹄兽的一种急性、热性和高度接触性传染病。临床特征为病猪的口腔黏膜、蹄部和乳房皮肤出现水疱和溃疡。

【流行特点】本病潜伏期短,传播快,流行广,发病率高,在同一时间内,往往牛、羊、猪一起发病,而猪对口蹄疫病毒易感性强,越年幼的仔猪,发病率及死亡率越高,1月龄内的哺乳仔猪死亡率可达60%~80%。本病一年四季均可发生,但以寒冷冬、春季多发。

病畜是本病的主要传染源,一旦动物被感染,在症状出现之前,体内开始排出大量致病力强的病毒,症状严重期排毒量最多,症状恢复期排毒量逐渐减少。主要经消化道、损伤的黏膜(口、鼻、眼、乳腺)、皮肤等感染。有直接接触感染和间接传播,如病猪与健康猪接触;或病猪的唾液、乳液、尿液、粪便、血液及病猪的肉、内脏污染了饲料、饮水及工具等,从而感染健康猪。野生动物、鼠、犬、猫、鸟类、昆虫均是本病的重要传播媒介。

【临床症状】本病潜伏期为 2~7 天,有时较长。病猪的主要症状表现在蹄部。病初体温升至 40~41.5℃,经 3 天左右,在蹄叉、蹄冠、蹄踵等处出现水疱(图 8-20),不久破溃,表面出血,糜烂。病猪跛行,严重者不能站立,甚至蹄匣脱落(图 8-21)。少数病例在口腔发生病变,流涎,咀嚼及吞咽困难。病猪吻突、齿龈、舌、额部等也可出现水疱(图 8-22),破溃后露出浅的溃疡面,不久可愈合。也有的母猪的乳房和乳头的皮肤出现水疱,破溃后发生糜烂(图 8-23),不久结痂。哺乳仔猪常无口蹄疫症状,出现急性胃肠炎和心肌炎而死亡。

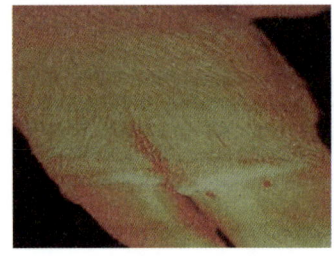 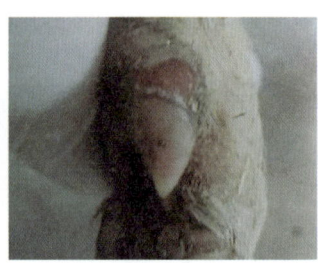 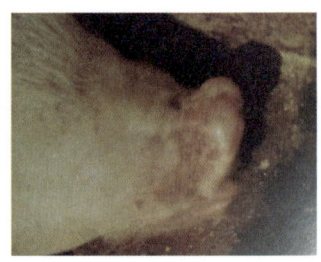

图 8-20 病猪蹄冠交界处皮肤充血、水肿,表面有一些小水疱

图 8-21 病猪蹄匣脱落,蹄踵破溃

图 8-22 病猪吻突出现水疱和烂斑

【病理变化】病猪蹄部、口腔、乳房皮肤有水疱和糜烂病变,个别病猪局部感染化脓,有脓样渗出物。

死亡的哺乳仔猪,胃肠可发生出血性炎症,肺浆液性浸润,心包膜有点状出血,心包液混浊,心外膜、心肌切面有灰白色或浅黄色斑或条纹,称为"虎斑心",严重者变性、坏死(图 8-24 和图 8-25)。心肌变软,类似煮过的肉。由于心肌纤维变性、坏死、溶解,释放出有毒分解产物而使仔猪死亡。

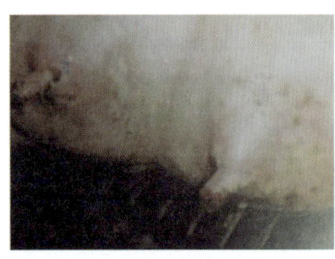 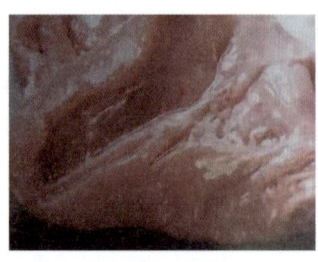 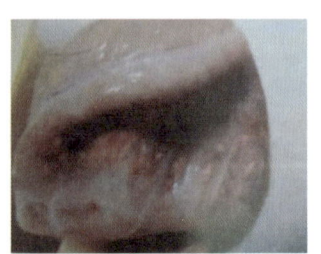

图 8-23 病猪乳房皮肤破溃、糜烂

图 8-24 病猪"虎斑心"

图 8-25 病猪心外膜下出现浅黄色斑纹、变性、坏死

【防控措施】预防猪口蹄疫，除采取一般综合检疫措施外，主要是采取注射口蹄疫灭活疫苗进行预防接种，注射后 14 天产生免疫力，免疫期为 3 个月。在牛、羊注射口蹄疫疫苗期间，邻近猪场应封锁，注射口蹄疫疫苗的器具再用于猪场时，必须严格消毒。

四、猪繁殖与呼吸综合征

猪繁殖与呼吸综合征又称为蓝耳病。其特征为母猪发热、厌食，妊娠后期发生流产、死胎、木乃伊胎和弱胎等繁殖障碍；幼龄仔猪出现呼吸困难症状和高死亡率。

【流行特点】自然流行中，本病仅见于猪。潜伏期为 3~7 天，其他家畜和动物未见发病。不同年龄、品种、性别的猪均可感染，但易感性有一定差异。繁殖母猪和仔猪发病比较严重，育肥猪发病比较温和。本病呈流行性传播，传播迅速，主要经空气通过呼吸道感染。病毒在感染猪体内可长期存在。因此，病猪和带毒猪是重要的传染源。由于病毒可经精液传播，故使用流行期疫区种公猪的精液时需特别注意。

【临床症状】由于感染猪的类型不同，病猪感染的严重程度不同，临床表现不同。

（1）妊娠母猪　病猪发热（40~41℃）、厌食，精神沉郁、昏睡，不同程度呼吸困难，咳嗽，后肢麻痹，前肢屈曲，步态不稳，皮肤苍白，颤抖，偶尔呕吐。间情期延长或不孕，妊娠晚期流产（图 8-26）、死胎（大多为黑色，也有白色）、木乃伊胎、弱仔、早产（提前 2~8 天），产后无乳，临产时有的猪因呼吸困难而死亡（体温下降至 35℃左右）。少数病猪双耳、腹侧及外阴皮肤出现一过性青紫色或蓝色斑块（因此称为蓝耳病），双耳发凉。

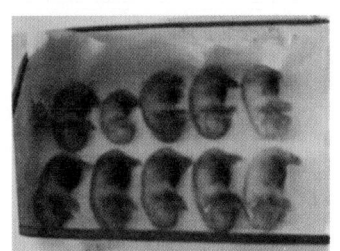

图 8-26　患病母猪流产的胎儿

（2）种公猪　发病率低（2%~10%），厌食，昏睡。呼吸加快，咳嗽，消瘦，发热，个别猪双耳发蓝。暂时性精液减少和活力下降，因病毒在肺泡巨噬细胞内繁殖，导致巴氏杆菌病发病率明显上升。

（3）哺乳仔猪　以 1 月龄内的仔猪最易感染。体温升高至 40℃以上，呼吸困难，有时呈腹式呼吸，精神沉郁、昏睡，丧失吮乳能力，食欲减退或废绝，腹泻。离群独处或挤作一团，被毛粗乱，后腿及肌肉震颤，共济失调。有的仔猪口鼻奇痒，常用鼻盘、口端摩擦圈舍墙壁，鼻有面糊状或水样分泌物，断奶前死亡率可达 30%~50%，个别可达 80%~100%。

（4）育成猪及育肥猪　厌食，发热（40~41℃），精神沉郁、昏睡，呼吸加快，继而出现呼吸困难，腹泻，眼睑水肿。有的出现神经症状，耳部皮肤发绀，有的大面积溃烂（图 8-27 和图 8-28），少数病例双耳背面边缘及尾皮肤出现青紫色斑块。

【病理变化】 病死猪大脑充血、出血（图 8-29），皮肤色浅呈蜡黄色，鼻孔有泡沫，皮下脂肪较黄，稍有水肿。两侧腹股沟淋巴结肿大（图 8-30）。肺部病变多样，呈粉红色、大理石状，尖叶、心叶有肉变（图 8-31）。肝脏病变较多，有萎缩、气肿、水肿等。气管、支气管充满泡沫，胸腹腔积水较多，个别有灰白样坏死。胃出血、水肿。肾包膜易剥离，表面布满沟回、针尖大出血点（图 8-32）。肺门淋巴结充血、出血。个别病例小肠、大肠胀气。

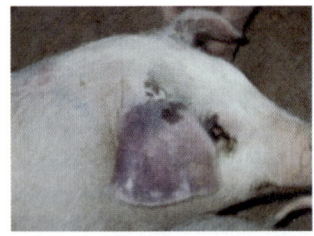
图 8-27　病猪耳部皮肤发绀

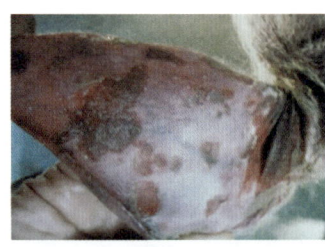
图 8-28　病猪耳部皮肤大面积溃烂

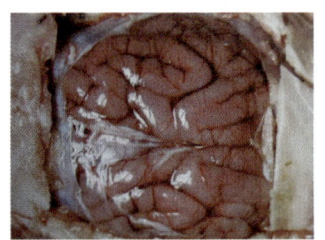
图 8-29　病死猪大脑充血、出血

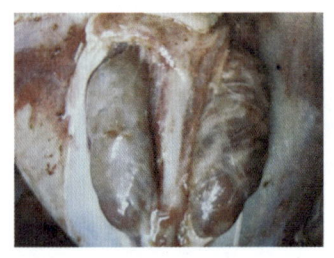
图 8-30　病猪两侧腹股沟淋巴结肿大

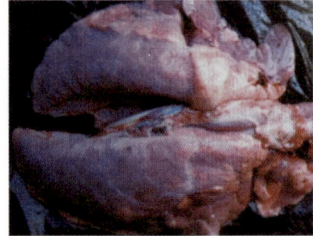
图 8-31　病猪肺尖叶、心叶有肉变

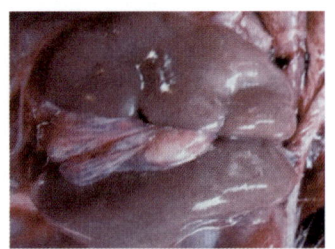
图 8-32　病猪肾脏表面有沟回、大量的出血点

仔猪、育成猪常见眼睑水肿。仔猪皮下水肿，体表淋巴结肿大，心包积液、水肿。有时肺呈灰褐色，肺尖叶、中间叶和后叶病变没有差异。

胎儿和死胎仔，早期、晚期的弱仔，死胎和木乃伊化胎儿基本相同，无肉眼可见变化，皮肤呈棕色，腹腔有浅黄色积液。有的胎儿和死胎仔出现皮下水肿，心包积液。

【防控措施】 本病传染性很强，对养猪业危害性极大，目前尚无特效药物。主要采取综合防控措施，最根本的方法是清除病猪和清洗消毒等措施，切断传播途径。清除病猪和清洗消毒工作应反复进行，关键在于清除感染的断奶仔猪，保持育成猪舍无本病毒。

疫苗接种是预防本病的主要手段。在流行地区必要时可试用灭活油乳剂疫苗免疫后备猪和妊娠母猪（间隔 21 天，肌内注射 2 次），对后备猪和育成猪也可试用弱毒疫苗。

五、猪细小病毒感染

猪细小病毒感染又称为猪繁殖障碍病,是由细小病毒引起的繁殖失常。其特征为受感染的母猪,特别是初产母猪产死胎、畸形胎、木乃伊胎或病弱仔猪,偶有流产,但母猪本身无明显症状。

【流行特点】猪是唯一已知的易感动物。本病通过胎盘传给胎儿,感染母猪所产死胎、木乃伊胎或活胎组织内带有病毒,并可由阴道分泌物、粪便或其他分泌物排毒。感染公猪的精液也含有病毒,可通过配种传染给母猪。污染的猪舍是猪细小病毒的主要贮存场所。本病主要发生于初产母猪,呈地方流行性或散发性流行。疾病发生后,猪场可能连续几年不断出现母猪繁殖失能现象。母猪妊娠早期感染本病毒时,胚胎、胎猪死亡率可高达80%~100%。

【临床症状】主要表现为母猪繁殖失能,如多次发情而不受孕,或产出死胎、木乃伊胎以及只产少数仔猪,并可出现流产。这种情况与母猪不同妊娠期感染有关。在妊娠30~50天感染,主要是产木乃伊胎,若早期死亡,产出小的黑色木乃伊胎,若晚期死亡,则子宫内有较大的木乃伊胎;在妊娠50~60天感染,主要产死胎;在妊娠70天感染,常出现流产;在妊娠70天之后感染,母猪多能正常生产,而产出仔猪有抗体和带毒,有些甚至能成为终身带毒者。如果将这些猪留作种用,本病很可能在猪群中长期存在,难以根除。公猪感染本病毒后,其受精率或性欲不受明显的影响。所以,特别注意带毒种公猪通过配种而传染给母猪。

【病理变化】妊娠母猪感染未见明显的肉眼病变,仅见子宫黏膜有轻度出血和轻微卡他性炎症(图8-33)。胎儿在子宫内有被溶解、吸收的现象(图8-34),受感染的胎儿表现为不同程度的发育障碍和生长不良,可见充血、水肿(图8-35)、出血、体腔积液、脱水(木乃伊化)及坏死等病变。

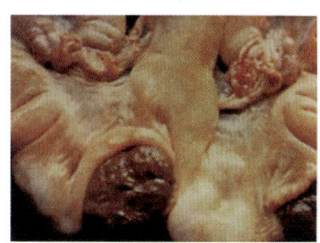

图8-33 病猪含木乃伊胎的子宫黏膜轻度出血和轻微卡他性炎症

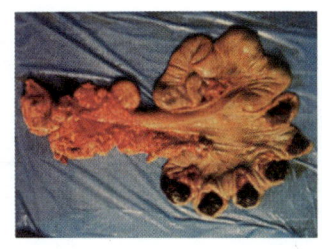

图8-34 病猪子宫内黑褐色的肿块为木乃伊化的死胎

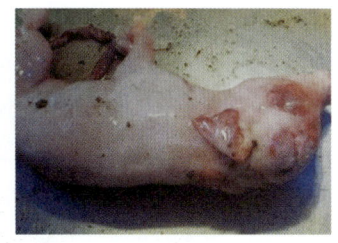

图8-35 患病母猪产的死胎皮下水肿

【防治措施】本病尚无有效治疗方法。为了控制本病,首先应控制带毒猪传入猪场。在引进种猪时应加强检疫,采集其血清做血凝抑制试验,当血凝抑制滴度在

1∶256以下时，方可以引进。引进猪必须隔离饲养2周，再进行1次血凝抑制试验，证实是阴性者，方可与本场猪混饲。在本病污染猪场，对初产母猪在配种前可通过自然感染或疫苗接种的方法，使猪获得主动免疫力，控制本病的发生。在一群血清阴性的后备母猪中放进一些血清阳性的母猪（可能是带毒猪）同圈饲养，通过带毒母猪的排毒，使初产母猪受到感染而产生免疫力。这种方法的缺点是，猪场受强毒污染严重，不能作为种猪输出，且这种方法只适用于本病流行的地区。我国现有细小病毒灭活疫苗，在母猪配种前1~2个月进行免疫接种，可预防本病的发生。仔猪母源抗体可持续14~24周，在抗体滴度高于1∶80时可抵抗猪细小病毒感染。因此，仔猪断奶后移到无本病流行的地区饲养，可培育出阴性母猪。

六、猪传染性胃肠炎

猪传染性胃肠炎是由冠状病毒引起的急性、高度接触性消化道传染病，其主要特征是多发生于寒冷季节，急性腹泻，同时出现呕吐。

【流行特点】本病只感染猪，发病有明显的季节性，多发于冬、春寒冷季节（12月至第二年4月），具有高度接触传染性，常呈地方流行性。不同年龄、性别、品种的猪均能发病，但以仔猪发病严重，特别是10日龄以内的仔猪死亡率高。病猪粪便中排毒时间可达2个月，感染途径主要是消化道，另外病毒也可由呼吸道感染。

【临床症状】潜伏期一般为12~18小时，所以一个猪场刚开始发病，在1~3天内可使全群感染。仔猪发生呕吐（图8-36）、腹泻及口渴，粪便呈白色、黄色或绿色，内含有未消化的母乳，后呈水样（图8-37），甚至向外喷射，腹部、耳尖及肛门附近皮肤发紫，迅速脱水消瘦，随后死亡，7日龄以内的仔猪死亡率可达100%。成年猪症状轻微，有的食欲不振、呕吐及腹泻，母猪泌乳停止，一般症状持续5~7天即停止，逐渐恢复食欲，很少出现死亡。

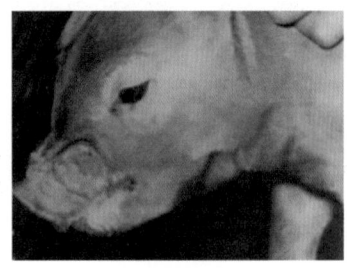
图8-36 患病仔猪呕吐

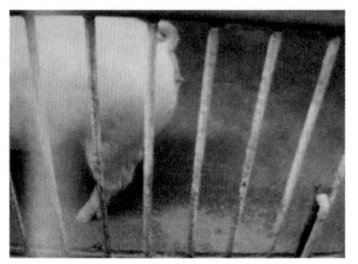
图8-37 病猪水样腹泻

【病理变化】病变主要在消化道，胃肠黏膜充血、点状出血、坏死、脱落，胃壁变薄（图8-38）胃肠内充满稀薄的食糜呈灰黄色。肠系膜血管、肝脏、脾脏、肾脏、淋巴结均表现明显的瘀血、肿大,小肠黏膜炎性充血、扩张(图8-39)。病猪肠道充血、肠壁薄(图8-40)。心肌因衰竭而扩张。左心室内膜和冠状沟有明显的出血点和出血斑。

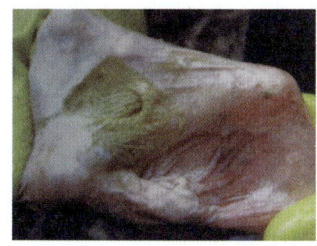

图8-38 病猪胃黏膜充血、坏死、脱落,胃壁变薄

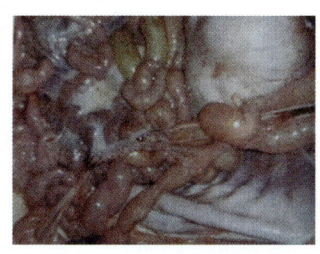

图8-39 病猪肠系膜淋巴结肿大、瘀血,小肠黏膜炎性充血、扩张

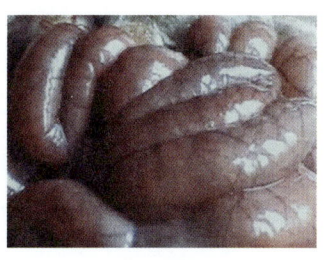

图8-40 病猪肠道充血,肠壁薄

【防治措施】

1)加强饲养管理,做好产房和保育舍的保温工作,如果产房和保育舍温度维持在25~26℃,基本上可以控制本病的发生,即使个别发生,症状也比较轻。

2)做好卫生消毒工作,本病主要在冬季严寒时期发生,饲养员必须坚守工作岗位,早晚应及时关好舍内门窗。舍内粪便及时清除,出入口设有消毒池,经常进行消毒。

3)在本病多发地区,每年入冬前对全场仔猪进行疫苗预防接种。

4)本病目前没有特效的治疗药物,为了防止其严重脱水而死亡,在仔猪发病期可用盐水补液(葡萄糖20克、氯化钠3.4克、氯化钾1.5克、碳酸氢钠2.5克、温水1000毫升)。

七、猪丹毒

猪丹毒是由猪丹毒杆菌引起的一种急性、热性传染病,其主要特征是急性型呈败血症经过,亚急性型在皮肤上出现特异性疹块,慢性型病例则多表现为非化脓性关节炎或疣状的心内膜炎。

【流行特点】猪丹毒杆菌广泛流行于世界各地,对养猪业危害很大,一般多为散发和地方流行性,常发生在夏、秋炎热季节,冬、春寒冷季节很少发生。因夏、秋季雨水多,环境湿热适合细菌繁殖,加上蚊蝇等昆虫多,极易传播,一旦有了疫情,很容易扩散,发生流行。

【临床症状】潜伏期为1~8天。临床上可分为急性型(败血型)、亚急性型(疹块型)和慢性型3种。

（1）急性型（败血型）　此型最为常见，以发病突然且死亡率高为特征。初期以一头或数头猪无明显症状而突然死亡，其他猪相继发病。病猪体温升高达42~43℃，食欲废绝，呼吸急促，嗜睡，运动失调。先便秘并有脓性黏液附着，后腹泻并带血。结膜充血，有浆液性分泌物。病的后期耳、颈、背、胸、腹部、四脚内侧等处可出现大小不等的红斑，用手指按压红色暂时可消退，后红斑变为暗红色。病猪死前体温降至正常体温以下，未死亡的猪转为亚急性型或慢性型。

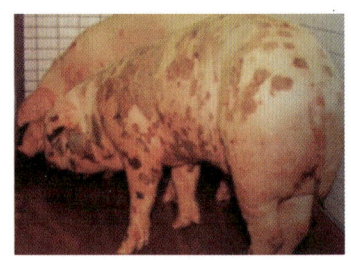

图8-41　病猪身上出现扁平凸起的紫红色疹块，并有结痂形成

（2）亚急性型（疹块型）　此型症状较轻，主要以出现疹块为特征，病猪体温在41℃以上，精神不振，食欲减退，多于背、胸、腹部及四肢皮肤上出现扁平凸起的紫红色疹块（打火印），呈方形或菱形（图8-41），白猪易观察，黑色或棕色猪种不易观察，但若用力贴皮肤触摸，可感觉有疹块凸起，有的不明显，宰杀刮毛后才能发现上述症状，疹块发生后，体温逐渐下降至正常，脱痂好转，病势减轻，数天后痊愈。病程一般在10天左右，死亡率不高。个别转为败血型或继发感染的可引起死亡，妊娠母猪有的发生流产。

（3）慢性型　多由急性型或亚急性型转变而来。病猪有心内膜炎和四肢关节炎，或两者并发。发生心内膜炎时，病猪呼吸困难、消瘦、贫血、喜卧、举步缓慢、行走无力，此类型病猪很难治愈，最终多因麻痹而死亡。发生关节炎时表现为四肢关节炎性肿胀，僵硬疼痛，一肢或两肢跛行，卧地不起，食欲较差，生长缓慢，消瘦。

【病理变化】急性型表现皮肤上有大小不一、形状不同的红斑，呈弥漫性红色，脾脏肿大，呈樱桃红色，肾脏瘀血、肿大（图8-42），呈暗红色，皮质部有出血点，肺瘀血、水肿，呈花斑状（图8-43），胃、十二指肠发炎、有出血点，关节液增多。亚急性型特征为皮肤上有方形或菱形紫红色疹块（图8-44），内脏的变化比急性型轻。慢性型特征是常有疣状心内膜炎，瓣膜上有灰白色增生物，呈菜花状，另外关节肿大，有炎症，在关节腔内有纤维素性渗出物。

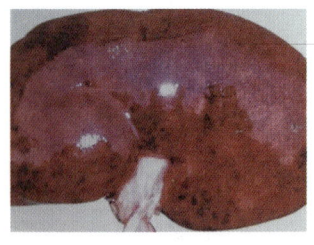　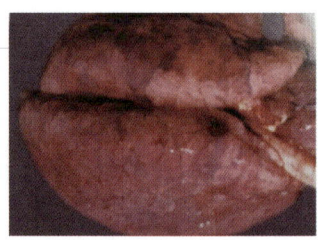　

图8-42　病猪肾脏瘀血、肿大　　图8-43　病猪肺呈花斑状　　图8-44　亚急性特征为皮肤出现菱形疹块

【防治措施】

1）加强猪群的饲养管理，做好卫生防疫工作，提高猪群的自然抵抗力。

2）保持环境和使用器具的清洁及定期用消毒剂消毒；粪便、垫料堆积发酵处理后方可使用。

3）按时接种猪丹毒菌苗。

4）治疗。青霉素为本病的特效药。治疗时不宜过早停药（应在体温和食欲恢复正常后24小时），以防止疾病复发或转为慢性。四环素、土霉素、林可霉素也是治疗本病的有效药物。

①青霉素，每千克体重1万~1.5万国际单位，肌内注射，每天2次。

②四环素、土霉素，每千克体重7~15毫克，肌内注射，每天1次。

③林可霉素，每千克体重11毫克，每天1次。

八、猪巴氏杆菌病

猪巴氏杆菌病又称猪肺疫，是由多杀性巴氏杆菌引起的急性、热性传染病，以急性败血症及组织器官出血性炎症为主要特征。

【流行特点】本病一年四季均可发生，但以秋末春初天气骤变时发病较多，在南方多发生在潮湿闷热的多雨季节，仔猪多发，成年猪患病症状较轻。特别是圈舍寒冷潮湿、卫生条件差、饲喂不当、猪比较消瘦等情况易发生本病。病猪的排泄物、分泌物不断排出有毒细菌，污染饲料、饮水、用具和外界环境，通过消化道传染给健康猪，或通过飞沫经呼吸道感染。根据猪体的抵抗力和细菌的毒力，本病的流行类型可分为地方流行性和散发两种，一般后者更为多见。

【临床症状】本病潜伏期为1~5天，临床上根据病程长短可分为最急性型、急性型和慢性型3个类型。

（1）最急性型 临床表现突然发病，迅速死亡。病程稍长、症状明显者可表现体温升高（41~42℃），颈部高热、红肿，下颌皮下水肿严重（图8-45），食欲废绝，卧地不起，呼吸极度困难，口鼻流出泡沫，可视黏膜发绀，病程为1~2天，死亡率几乎100%。

（2）急性型 本病常见类型。病猪体温升高（40~41℃），病初发生痉挛性干咳，后变为湿咳，呼吸困难（图8-46），鼻流黏稠液体，常伴有脓性结膜炎，触诊胸部有剧烈疼痛。精神不振，步态不稳，拒食呆立，心跳加速，结膜、皮肤发绀（图8-47）。病初便秘，后期出现腹泻，多因窒息而死亡。病程为5~8天，未死亡的猪转为慢性型。

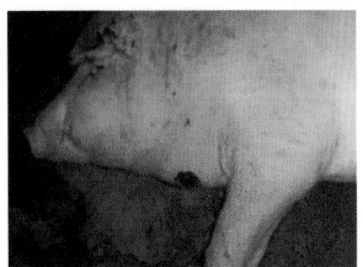

图8-45 病猪下颌皮下水肿严重

（3）慢性型　主要表现出慢性肺炎和慢性胃肠炎症状。病猪有时表现持续性咳嗽与呼吸困难，食欲不振，进行性营养不良，极度消瘦，行动不稳或呈犬坐姿势，成为僵猪（图8-48）。口、鼻、肛门黏膜发绀，有的病猪因体质极度衰弱而死。

图8-46　病猪呼吸困难，张口呼吸

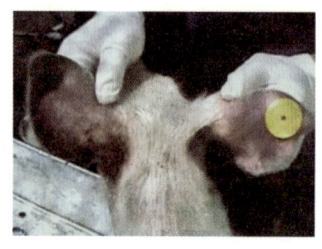

图8-47　病猪耳部皮肤发绀

图8-48　病猪消瘦，成为僵猪

【病理变化】最急性型的病理变化常不明显。急性型的病理变化较为明显，咽喉肿胀、潮红、周围结缔组织有炎性浸润。喉头腔、气管、支气管腔内有带泡沫的黏液，黏膜呈暗红色，有的表面有纤维素膜附着。两侧肺充血、水肿（图8-49），呈暗红色，肺膜上有小出血点，肺小叶间质增宽，肺的质地变硬，肺门淋巴结出血，有大量胶冻物（图8-50）。心包液增多呈橘红色，心外膜可见点状出血。全身淋巴结呈暗红色，切面平整。胃与小肠前段有卡他性炎症。慢性型肺的变化较为突出，肺间质水肿，两侧肺心叶、尖叶、膈叶前下部可见肺表面有纤维素膜附着，小叶呈暗红色与灰红色大理石样变化。有明显心包炎变化，心脏表面覆盖纤维素膜，称"绒毛心"（图8-51）。脾脏和淋巴结明显肿大。肾脏切面出血，乳头出血（图8-52）。

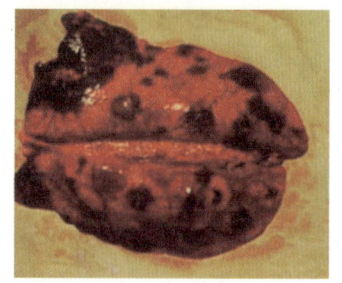

图8-49　病猪肺充血、水肿

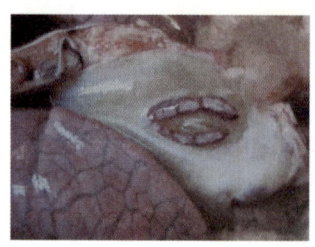

图8-50　病猪肺门淋巴结出血，周边有大量胶冻物

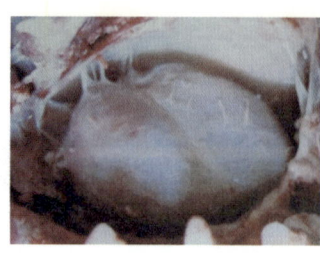

图8-51　病猪心脏表面覆盖纤维素膜，称"绒毛心"

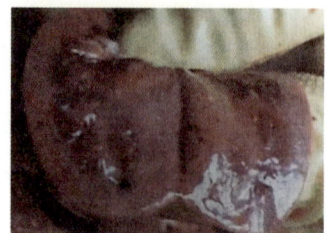

图8-52　病猪肾脏切面出血，乳头出血

【防治措施】

1）加强猪群的饲养管理，提高猪群的自然抵抗力。合理配合饲料，保持猪舍内

干燥、清洁和良好的通风,定期进行药物消毒。

2)定期接种菌苗。

3)治疗。对本病敏感的药物有青霉素、链霉素、四环素、土霉素、林可霉素等,首选药物为青霉素。

①青霉素,每千克体重 8000~10000 国际单位,肌内注射,每天 2 次(间隔 12 小时)。

②链霉素,每千克体重 50 毫克(1 克相当于 100 万国际单位),肌内注射,每天 1~2 次。

③四环素、土霉素,每千克体重为 7~15 毫克,肌内注射,每天 1 次。

④林可霉素,每千克体重 11 毫克,每天 1 次。

九、猪副伤寒

猪副伤寒是由沙门菌引起的热性传染病。主要表现为败血症和坏死性肠炎,有时发生脑炎、脑膜炎、卡他性或干酪性肺炎。

【流行特点】本病主要发生于 4 月龄以内的断奶仔猪,成年猪和哺乳母猪很少发病。细菌可通过病猪或带菌猪的粪便、污染的水源和饲料等经消化道感染健康猪。健康猪的胃肠道内也常有沙门菌存在,饲养管理不良、卫生条件差、天气骤变等因素使猪体抵抗力降低时可诱发本病。本病一年四季均可发生,但春初、秋末天气多变季节常发,且常与猪瘟、猪气喘病并发或继发,猪群中一般呈散发或地方流行性。

【临床症状】本病的潜伏期为 3~30 天,按其病程可分为急性型、亚急性型和慢性型。

(1)急性型 多见于断奶后不久的仔猪和地方流行性的初期。其特征是急性败血症症状,体温升高到 41~42℃,精神沉郁、伏卧、食欲废绝、呼吸困难、步行摇晃、呕吐和腹泻,消瘦,耳部皮肤发绀(图 8-53)。白皮猪可看到耳、四蹄尖、嘴端、尾尖等猪体远端呈蓝紫色。当本病开始暴发时,常出现 1~2 头不呈现任何症状的猪死亡。2~3 天后,体温稍有下降。肛门、尾巴、后腿等部位污染混合血液的黏

图 8-53 病猪消瘦,耳部皮肤发绀

稠粪便,有时伴有呼吸困难。病程多为病后 2~4 天死亡,不死的转为亚急性型或慢性型,很少自愈。

(2)亚急性型 基本与急性型相同,仅症状明显。病猪呈间歇性发热,初便秘,后腹泻,食欲不振,爱喝水,猪体逐渐消瘦,一般经 7 天左右,因极度衰竭继发肺炎

而死,未死亡的转为慢性,很少自愈。

（3）慢性型　此型最为多见,开始发病不易观察,以后猪体逐渐消瘦,食欲减退,呈周期性恶性腹泻,皮肤呈污红色。体温有时上升继而又降到正常体温,有的表现肺炎症状,一般数星期后死亡。也有恢复健康的,但康复猪生长缓慢,多数成为带菌的僵猪。

【病理变化】急性型病例的脾脏明显肿大,以中部1/3处更严重,边缘钝圆,触及感觉绵软,类似橡皮,呈暗蓝色;切面外翻,呈蓝红色;肿大的淋巴滤泡呈颗粒状,脾髓质部不软化。肾皮质部出血。有时心外膜下、肺膜下也有出血,肺有小叶性肺炎灶,肝脏被膜下有针尖大小、先为灰红色后转为白色的小坏死灶。有时胆囊黏膜出现粟粒大的结节。胃及十二指肠黏膜高度充血,有点状出血,肠系膜淋巴结高度肿大、出血,切面外翻,呈红色（图8-54）。肝脏肿大,表面有黄白色坏死结节（图8-55）。

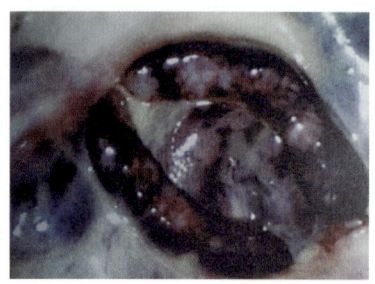
图8-54　病猪肠系膜淋巴结肿大、出血

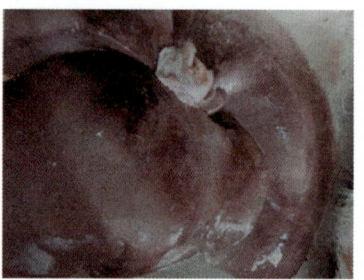
图8-55　病猪肝脏肿大,表面有黄白色坏死结节

亚急性型和慢性型病变主要表现在胃肠道。胃黏膜潮红,特别在胃底部,出现坏死灶,盲肠黏膜增厚,有浅平溃疡和坏死,肠道表面附着灰黄色或暗褐色假膜,用刀刮去溃疡,溃疡底呈污灰色,溃疡周围平滑,中央稍下凹,有的形如糠麸,肠系膜淋巴结肿大,结肠浆膜有出血斑,肝脏、脾脏、肾脏及肺均有卡他性炎症或干酪样坏死灶（图8-56和图8-57）。

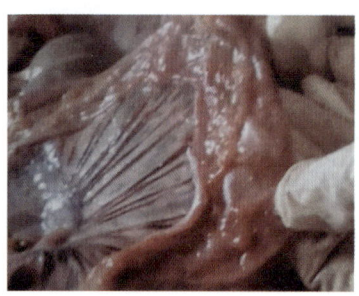
图8-56　病猪呈卡他性炎症

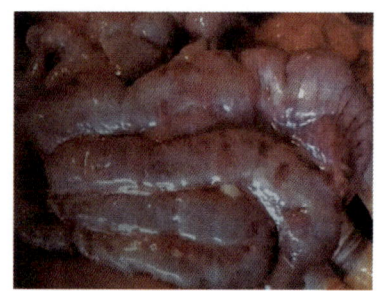
图8-57　病猪结肠浆膜有出血斑

【防治措施】

（1）加强饲养管理　改善环境条件，消除各种不良因素对猪群的影响。

（2）菌苗接种　在本病常发的地区，按时对猪群进行猪副伤寒菌苗接种。

（3）药物预防　在仔猪多发日龄阶段，选择敏感药物添加于饲料或饮水中，进行药物预防。

（4）治疗　治疗应在隔离消毒、改善饲养管理的基础上，以足够的剂量及早进行，同时要有一个较长的疗程。因为坏死性肠炎需要很长时间才能修复，若中途停药，往往会复发而引起死亡。常用的抗生素类药物有强力霉素、卡那霉素等。此外，喹诺酮类药物如恩诺沙星，磺胺类药物治疗本病也可取得满意效果。

1）卡那霉素，每千克体重4万~6万国际单位，肌内注射，每天1次；精神、食欲明显好转后，剂量减半，继续用3~5天。

2）强力霉素（多西环素），每千克体重1~1.5毫克，口服，每天1次。

十、仔猪白痢

仔猪白痢是一种由大肠杆菌引起的哺乳仔猪急性肠道传染病。以腹泻，排出乳白色、浅黄色或灰白色黏稠的并有特异腥臭味的糊状粪便为特征，发病率高，而死亡率不高。

【流行特点】本病主要发生于5~25日龄的哺乳仔猪。一年四季均可发生，但冬季、早春、炎热季节发病较多，一般在天气突然转变时，如寒流、下雪或下雨等，发病的仔猪突然增多，当天气转暖后，病猪不治逐渐痊愈。特别是冬季产房寒冷，病猪数量增多，几乎遍及每窝仔猪。实践证明，母猪的饲养管理较差，猪舍环境不好，都是引起本病的重要原因。

大肠杆菌在自然界分布广泛，在猪消化道内也普遍存在，其中有些大肠杆菌只有微小的致病力，有的则有明显的致病力，只有在某些诱因下（如饲料突变、乳汁缺乏等）使得肠道内的乳酸杆菌比例大减，而致病性大肠杆菌占有优势，大量繁殖，产生毒素引起发病。

【临床症状】病猪腹泻，排出白色、灰色甚至黄色糊状有特殊腥臭味的稀便，肛门周围被稀便污染，精神不振，四肢无力。病情严重时，背拱起，被毛粗乱。食欲减退或废绝，喜欢钻进垫草里卧睡，衰弱，不能站立，慢慢消瘦而死亡（图8-58）。病程一般为3~4天，长的可达1~2周，病死率的高低与饲养管理及治疗情况有直接关系，一般情况下，死亡率不高。

【病理变化】病死猪外观苍白、消瘦，肛门和尾部附着污秽的、带有特殊腥臭味的粪便。肝脏黄染，胃壁薄，小肠呈现肠炎变化，整个肠管松弛，肠壁薄，内有白色泡沫样液体（图 8-59 和图 8-60），肠管浆膜呈灰红色，肠系膜血管呈树枝状，肠淋巴结轻度肿大，呈橘红色；肠管充满灰白色的稀便，黏膜潮红。

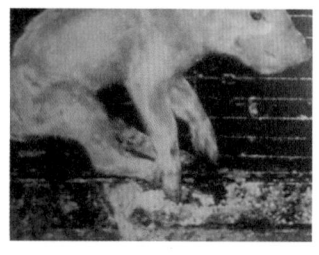
图 8-58　病猪严重腹泻，时间长久时脱水、衰弱、消瘦、不能站立

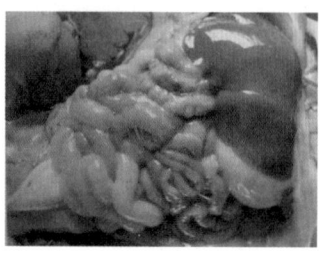
图 8-59　病猪肝脏黄染，肠壁薄，内有白色泡沫样液体

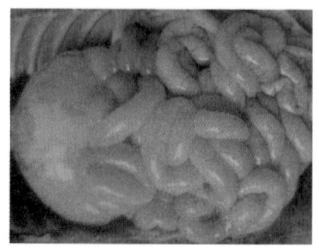
图 8-60　病猪胃、肠壁薄，充满了白色泡沫样液体

【防治措施】预防本病的主要措施是消除本病的各种诱因，增强仔猪消化道的抗菌机能，加强母猪的饲养管理，搞好圈舍的卫生和消毒，给仔猪及早补料，用土霉素等抗菌添加剂预防具有一定效果。对发病仔猪应及时治疗，可选用土霉素、恩诺沙星、磺胺脒等药物。

（1）土霉素　每千克体重 50 毫克，内服，每天 2 次。

（2）恩诺沙星　每千克体重 2.5 毫克，肌内注射，每天 2 次。

（3）磺胺脒　每千克体重 100~150 毫克，内服，每天 2 次。

十一、仔猪红痢

仔猪红痢又称仔猪梭菌性肠炎，其临床特征为患病仔猪出血性腹泻，病程短，死亡率高。

【流行特点】本病常发于 1~3 日龄的哺乳仔猪，7 日龄以上很少发病。本病发病季节不明显，任何产仔季节均可发病，任何品种的猪均可感染，带菌母猪和病猪是主要的传染源。病菌随粪便排出体外，污染猪舍和哺乳母猪的乳头、皮肤，初生仔猪通过吮吸母猪乳头或舔食污染地面而感染。病菌侵入空肠中，在肠壁内繁殖，产生强烈的外毒素，使受害肠壁充血、出血和坏死。

该菌在自然界分布很广，如人、畜肠道、土壤、粪便及污水中均含有，其芽孢对外界抵抗力很强。病菌一旦传入猪场，病原就会长期存在，如果不采取有效的预防措施，以后出生的仔猪将会继续发生本病。

【临床症状】本病的潜伏期很短，一般可分为急性型、亚急性型和慢性型 3 种。

（1）急性型　此型最为常见，仔猪出生后 3 小时左右或当日即可发病，表现突然腹泻，排出血样稀便（图 8-61），随之虚弱，衰竭，拒绝吮乳，数小时内死亡。也有少数病猪没有腹泻,有的本次吮乳时正常,下次吮乳时死于一旁。

(2)亚急性型　病程在2天左右。病猪腹泻,食欲不振,消瘦,脱水,其后躯沾满血样或稍带黄色的稀便,并常混有坏死组织碎片和小气泡。一窝仔猪往往所剩无几或全部死亡,其死亡日龄常在5日龄左右。

(3)慢性型　此种类型除有急性型或亚急性型未死亡猪转为慢性型外,也有个别的于出生后就以慢性经过。病猪呈现持续性出血性腹泻,粪便呈黄灰色糊状,或稍带红色,肛门周围附有粪痂,生长停滞,于10日龄左右死亡或成为僵猪。

【病理变化】病变主要在空肠,有时还扩展到整个回肠,肠黏膜出血(图8-62)。急性型为出血性肠炎,亚急性型或慢性型的可见肠坏死,而出血性病变不严重,坏死的肠段呈浅黄色或土黄色,其浆膜下层及充血的肠系膜淋巴结中有小气泡。心肌苍白,心外膜有出血点。肾脏呈灰白色,皮质部有小点出血。膀胱黏膜也有小点出血。

图8-61　病猪精神沉郁,消瘦,排血样稀便

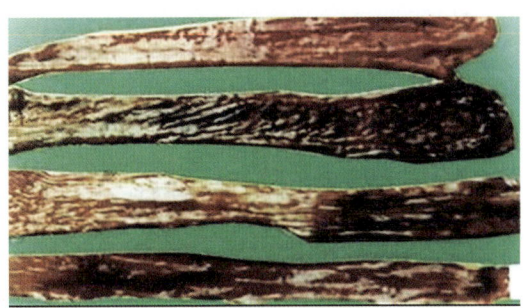
图8-62　病猪肠黏膜出血

【防治措施】

1)搞好猪舍和环境的卫生消毒工作,在接生前母猪的乳头和周围皮肤要进行清洗和消毒,以减少本病的发生和传播。

2)在本病多发地区或猪场,母猪分别于产前1个月和半个月注射仔猪红痢灭活菌苗,使新生仔猪通过吸吮母猪乳汁获得被动免疫。

3)对正在发生本病的猪场,仔猪一出生就口服青霉素、链霉素等抗菌类药物,连用2~3天。

4)由于本病病程短促,发病后用药治疗往往疗效不佳。

十二、猪传染性萎缩性鼻炎

猪传染性萎缩性鼻炎是由支气管败血波氏杆菌引起的慢性传染病,其主要特征为病猪鼻炎,鼻甲骨下陷萎缩,颜面部变形及生长迟缓。

【流行特点】任何年龄的猪均可感染,但哺乳仔猪,特别是6~8周龄的仔猪最易感，多引起鼻甲骨萎缩。随着年龄增长，发病率有所下降，症状减轻，3月龄以后的猪感染，症状不明显，一般成为带菌猪。病猪和带菌猪是本病的主要传染源，传播方式主要通过飞沫感染易感猪。不同品种猪易感性有所差异，如长白猪易感染，国内地方品种猪较少发病。本病多呈散发，但也可呈地方流行性。饲养管理条件的好坏对本病的发生起到重要作用，如饲养管理不良、猪舍拥挤、卫生条件差、营养缺乏等因素可促使本病的发生。

【临床症状】最早1周龄仔猪可见鼻炎症状，一般2~3月龄最显著。病初打喷嚏，鼻孔流出血样分泌物，逐渐形成黏液性、脓性鼻液，特别是在吃食时流出较多。常伴发结膜炎。由于鼻黏膜受到刺激，病猪表现不安，经常拱地、摇头、向墙壁、食桶、地面摩擦鼻子。严重的病猪呼吸困难，发出鼾声。接着鼻甲骨开始萎缩，并延及鼻中隔和筛骨等，颜面呈现畸形，膨隆短缩，鼻弯曲歪斜（图8-63）。这时呼吸更加困难，由鼻孔流出更多黏液或脓性鼻液，鼻常出血。有时病变由鼻腔蔓延到脑或肺，从而伴发脑炎或肺炎。病猪死亡率不高，但生长停滞，成为僵猪。

【病理变化】病变局限于鼻腔和邻近组织。特征性变化为鼻甲骨萎缩，尤其是鼻甲骨的下卷曲最常见，严重时鼻甲骨消失，鼻中隔变形，导致鼻腔成为一个鼻道，有的下鼻骨消失，只剩下小块黏膜皱褶附在鼻腔外侧壁上，鼻旁窦常附有脓性分泌物（图8-64）。

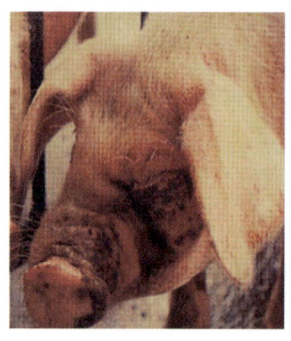 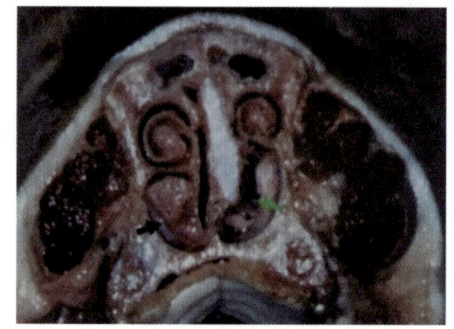

图8-63 病猪的鼻端向病侧歪斜，形成歪鼻子

图8-64 病猪鼻中隔变形，鼻甲骨萎缩，鼻旁窦有脓性分泌物

【防治措施】

1）不从疫区引进种猪，确需引进时，必须隔离观察1个月以上，证明无本病方可合群。

2）加强猪群的饲养管理。仔猪饲料中应配合适量的矿物质和维生素，哺乳母猪与其他猪分开饲养，断奶仔猪实行全进全出的饲养方式，避免新断奶仔猪与年龄较大的仔猪接触。

3）在本病流行严重的地区或猪场进行菌苗免疫接种。

4）治疗。治疗时采用全身与局部相结合的治疗方案，疗效较好。

①全身疗法可用链霉素肌内注射，连用3~5天，疗效较好。另外，还可选用青霉素、土霉素、磺胺类药等。

②对鼻甲骨萎缩的病猪，可采取注射与滴鼻结合的方法。在注射复方磺胺间甲氧嘧啶钠注射液的同时，鼻腔可用复方碘溶液、1%~2%硼酸水、0.1%高锰酸钾、链霉素溶液，滴鼻或冲洗鼻腔。

十三、猪气喘病

猪气喘病是由肺炎支原体引起的一种慢性接触性传染病，主要以病猪咳嗽、气喘为特征。

【流行特点】本病一年四季均可发生，以冬、春寒冷季节多见，各种年龄、性别、品种的猪均可感染，但多见于断奶前后的仔猪。天气突变、饲养管理不善，都能促使本病的发生和加重病情。本病主要通过呼吸道感染，呈散发或地方流行性，传染源是病猪和隐性感染猪，在其咳嗽、气喘、打喷嚏时，健康猪吸入含病原体的飞沫而感染。本病只感染猪，不感染其他动物和人。

【临床症状】本病潜伏期一般为11~16天，最短3~5天，最长可达1个月以上。主要症状是咳嗽、气喘，尤其是早晚吃食或运动时，常发生短声连咳。随着病程发展，呼吸加快，每分钟达50~60次，甚至100次以上。腹式呼吸明显，呼吸快而浅（图8-65），到后期呼吸慢而深，甚至张口喘气。病初鼻旁窦有少量浆液，病重时，流出脓性鼻液。食欲和体温正常，仅在患病后期继发其他传染病时，出现体温升高、食欲减退等症状。患病仔猪消瘦衰弱，被毛粗乱，生长发育停滞。隐性感染猪无明显症状，仅偶尔出现轻咳。

【病理变化】主要病变在肺、肺门淋巴结和纵隔淋巴结。肺有不同程度的水肿和气肿（图8-66）。在心叶、尖叶、中间叶及部分膈叶下方呈小叶融合性支气管肺炎变化。肺呈浅灰色或灰红色半透明状，病变界限明显，似鲜嫩肌肉样。当病程延长，病情加重时，病变部呈浅紫色或深紫色、灰黄色，坚韧度增加。病变部切面湿润致密，常从小支气管流出混浊灰白色泡沫状浆液或黏液。肺门和纵隔淋巴结显著增大，切面外翻、湿润，呈黄白色。

【防治措施】

1）在未发病地区或猪场，坚持自繁自养，尽量不从外地引入猪，若必须引入时，一定要严格隔离观察，防止猪气喘病及其他传染病传入，并定期做好消毒工作。

2）受气喘病威胁的猪群可用猪气喘病灭活疫苗进行免疫接种。

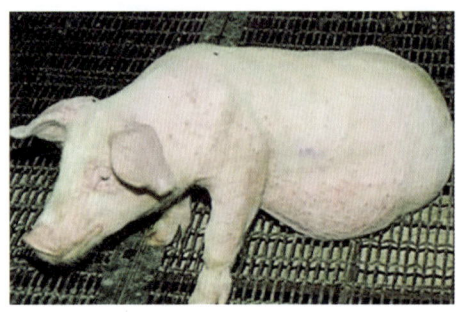
图 8-65　病猪腹式呼吸明显，呼吸快而浅

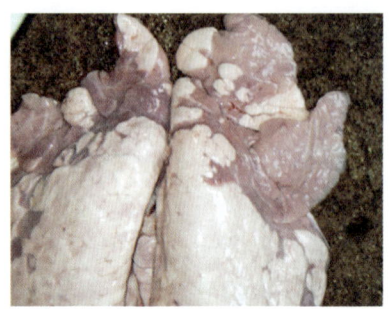
图 8-66　病猪肺水肿

3）对发病的猪群，要做到早发现，早隔离，早治疗，尽早淘汰，逐步更新猪群，做好饲养管理工作。

4）药物预防。可在每吨饲料中加入 300 克的土霉素粉定期饲喂，连用 2~3 周，或在饲料内加吉他霉素饲喂（按使用说明添加），对气喘病的预防和治疗均有较好效果。

5）治疗。一般早期用药效果比较好。

①土霉素，每天每千克体重 25~40 毫克，肌内注射。

②卡那霉素，每天每千克体重 4 万 ~6 万国际单位，肌内注射。

此外，喹诺酮类药物如恩诺沙星等对本病也有良好的疗效。

第二节　猪常见的寄生虫病及防治

一、猪囊虫病

猪囊虫病是由人体内的有钩绦虫的幼虫寄生于猪体内所引起的寄生虫病。囊虫病人兽共患，其危害严重，直接影响人们的身体健康，也给养猪业带来一定的经济损失。

【流行特点】有钩绦虫的幼虫（也称囊虫）一般寄生在猪的肌肉组织，如咬肌、舌肌、心肌、膈肌、肋间肌、臀肌、腰肌、大腿肌最为多见，少数在脂肪和内脏器官也能见到。外观是白色半透明的囊状小泡，囊内有一个米粒大小的白点（囊虫头）。寄生在人体小肠内的有钩绦虫呈乳白色、扁平带状，分头节、颈节和体节，由 800~1000 个节片组成。

本病多为散发。有散养猪习惯、无厕所的地区，猪囊虫病发病率较高，主要通过消化道感染，患绦虫病病人是主要传染源。

猪是有钩绦虫的中间宿主，成虫寄生在人的小肠内，虫体每一个孕卵节片内含 3 万 ~5 万个虫卵，孕卵节片不断脱落，随人的粪便排出体外。当猪吞食被孕卵节片污染的饲料或病人粪便时。虫卵进入胃肠，在猪小肠内经 24~72 小时孵出幼虫钻入肠壁进入血液，通过血液循环到达全身各组织，在肌肉内经 2 个月左右发育成囊虫，当人吃了未经处理或没有煮熟的猪囊虫肉，或误食附在食品上的囊虫，经胃进入肠内，经 2~3 个月发育为成虫，又开始产卵，随粪便排出体外。这样人传给猪，猪又传给人。

【临床症状】病猪少量感染时，一般无明显症状，大量囊虫寄生时，猪表现消瘦，腹泻，贫血，水肿，视力减退，四肢僵硬，跛行，呼吸困难，并伴有短促咳嗽，声音嘶哑，出气打鼾，肩膀宽，胸粗大，后身躯狭窄，呈"雄狮状"。检查眼睑和舌部，有白色半透明的囊虫结节，触之有波动感。

【病理变化】严重感染猪的猪肉呈苍白色而湿润，在咬肌、舌肌、肋间肌、臀肌等处有高粱米粒大小的半透明囊泡，泡内有小白点，即囊虫（图 8-67）。

图 8-67　猪囊虫

【防治措施】

1）预防本病的根本措施是积极治疗绦虫病患者，消除传染源。

2）要做到人有厕所，猪有圈，厕所和猪圈分开，防止猪吃到人的粪便，切断传播途径。

3）加强城乡肉品卫生检验，杜绝囊虫病猪肉上市。

4）治疗。

①吡喹酮，每千克体重 50~80 毫克，口服或以液状石蜡配成 20% 悬液，肌内注射，每天 1 次，连用 3 天。

②阿苯达唑，每千克体重 30 毫克，用药 3 次，每次间隔 24~48 小时，早晨空腹服药。

二、猪蛔虫病

猪蛔虫病是由蛔虫寄生于猪小肠中引起的寄生虫病。主要侵害 3~6 月龄的仔猪，导致猪生长发育不良或停滞，甚至造成死亡。

【流行特点】猪蛔虫是一种浅黄色圆柱状的大型线虫，形似蚯蚓，表面光滑，头尾两端较细。雄虫长 15~25 厘米，雌虫长 30~35 厘米。蛔虫卵呈短椭圆形，黄褐色或浅黄色。

猪蛔虫的发育过程不需要中间宿主。成虫寄生在猪的小肠内，产卵后，卵随粪便排出体外，在适当的环境中，卵开始发育为幼虫，幼虫在卵内经过两次蜕皮达到感染期。当感染期幼虫卵随食物或饮水被猪食入后，幼虫在小肠内钻出卵壳，侵入肠壁，随血液循环到达肝脏、心脏及肺，引起幼虫性肺炎，在猪咳嗽时，幼虫随痰液再次进入胃肠道，并在小肠内停留，发育为性成熟的雄虫和雌虫。雌虫与雄虫交配后受精产卵，一条雌虫一昼夜可产卵 10 万~25 万个，一生可产卵 3000 万个。

本病广泛流行于各类猪场，一年四季均可发生，各种年龄的猪均可感染，尤其是 3~6 月龄的仔猪易感性高，症状明显。病猪和带虫猪是本病的传染源，主要通过消化道感染。在卫生条件差，饲料不足或品质差，缺乏微量元素或维生素，体质弱或者拥挤的猪群最易发生。饮水不洁，母猪乳房污染均可增加仔猪的感染机会。

【临床症状】仔猪症状较成年猪明显。蛔虫在小肠内大量寄生时，病猪逐渐消瘦，贫血，生长发育缓慢，被毛粗乱，食欲变化无常，腹泻便秘交替出现，有时由口腔、肛门排出蛔虫（图 8-68）。如果寄生虫体过多时，活虫互相缠绕成团，阻塞肠管，造成严重腹痛，甚至引起肠破裂。

有时虫体钻入胆管，引起胆管阻塞，出现腹痛和黄疸症状。在幼虫停于肺内期间可引起肺炎，表现为体温升高，精神不振，食欲减退，咳嗽，呼吸困难，有时呕吐。

【病理变化】幼虫移行过程中的主要病变在肺和肝脏。初期呈肺炎病变，肺组织致密，表面有大量出血点或暗红色斑点，可分离获得大量幼虫。肝脏表面有大小不等的白色斑纹。小肠内有大量成虫寄生（图 8-69），肠黏膜呈卡他性炎症、出血或溃疡，肠破裂时可见腹膜炎症和腹膜出血。肠淋巴结节肿大、出血。蛔虫少量寄生时，肠道无明显变化，有时可在胃、胆管、胰腺内发现虫体。

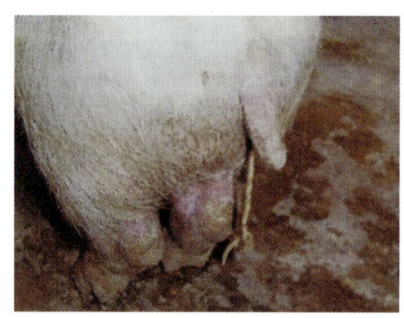

图 8-68　蛔虫从猪肛门排出

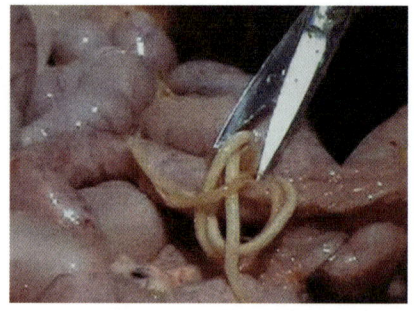

图 8-69　病猪小肠内有大量成虫寄生

【防治措施】

1）在蛔虫流行的猪场，每年春秋两季对全群各驱虫 1 次，特别对断奶后到 6 月龄的仔猪，应驱虫 1~3 次，妊娠母猪在产前 3 个月驱虫。

2）加强饲养管理，对断奶仔猪应给予富含维生素和多种微量元素的饲料，以增加其抵抗力，同时大小猪宜分群饲养。

3）猪舍及用具应定期消毒，2%~5% 氢氧化钠溶液（65℃以上），生石灰、5%~10%

苯酚均可杀灭虫卵。

4）保持饲料、饮水清洁，严防被猪粪污染。猪粪和垫草清除出舍后，应堆积发酵。

5）治疗。

①左旋咪唑，每千克体重4~6毫克，肌内注射，或每千克体重8毫克，口服。

②阿苯达唑，每千克体重10毫克，拌入饲料喂服。

③奥苯达唑，每千克体重10毫克，拌入饲料喂服。

④枸橼酸哌哔嗪（驱蛔灵），每千克体重0.3克，拌入饲料喂服。

三、猪旋毛虫病

猪旋毛虫病是一种由旋毛虫成虫寄生于小肠、幼虫寄生于横纹肌而引起的人兽共患寄生虫病。

【流行特点】旋毛虫是一种纤细的小线虫，成虫为白色，前细后粗，肉眼勉强可以看见。成虫长1.4~1.6毫米，雌虫长3~4毫米。

本病存在大量的自然疫源，多种哺乳动物可以感染，其中以肉食动物、杂食动物常见。本病流行有很强的地域性，往往在一个省多集中分布于某个地区，同一乡的各村间可有无感染到严重感染的差异，形成了疫源点内恶性循环和随疫源的流动而向外散播。

旋毛虫为多寄主寄生虫，其成虫寄生于宿主的小肠，幼虫寄生于同一宿主的肌肉。当人或动物吃了含有旋毛虫幼虫包囊的肉后，包囊被消化，幼虫逸出钻入十二指肠和空肠黏膜内，经1.5~3天即发育为成虫。性成熟的雄、雌虫交配后，雄虫死亡，雌虫钻入肠腺或黏膜下淋巴间隙中产幼虫。大部分幼虫经肠系膜淋巴结到达胸导管，经前腔静脉流入心脏，然后随血流散布全身，横纹肌是旋毛虫幼虫最适宜的寄生部位，其他如心肌、肌肉表面的脂肪，甚至脑、脊髓中也曾发现过虫体。刚进入肌纤维的幼虫是直的，随后迅速发育增大，经7~8周逐渐卷曲形成包囊，约6个月后包囊增厚，囊内发生钙化。钙化后幼虫的感染力下降，包囊内幼虫生存时间由数年至25年。

【临床症状】猪对旋毛虫寄生有很大耐受力，少量感染时无症状。严重感染时，通常在3~5天后体温升高，腹泻，腹痛，有时呕吐，食欲减退，后肢麻痹，长期卧睡不起，呼吸减弱，声音嘶哑，有的眼睑和四肢水肿，肌肉发痒，疼痛，有的发生强直性肌肉痉挛，死亡很多，多于4~6周后康复。

【病理变化】成虫引起肠黏膜损伤，有出血、黏液增加，幼虫引起肌纤维纺锤状扩展，随着幼虫发育和生长，其周围逐渐形成包囊，病久后包囊钙化。

【防治措施】

1）加强猪群的饲养管理，改散养方式为圈养方式，搞好猪场的清洁卫生，防止猪吃患病动物的尸体、粪便和内脏。加强猪场内灭鼠工作。

2）加强屠宰场及集市肉品的兽医卫生检验，严格按 GB/T 17236—2019《畜禽屠宰操作规程 生猪》处理带虫肉（高温、加工、工业用或销毁）。

3）提倡熟食，改变生食肉类的习惯，对制作的一些半熟风味食品的肉类要做好检查工作。厨房用具应生、熟分开，不能混用，并注意经常清洗和消毒，养成良好的卫生习惯，防止寄生虫病的感染。

4）治疗。

①噻苯达唑，每千克体重 50~100 毫克，1 次口服，连用 5~10 天。

②阿苯达唑，每千克体重 100 毫克，1 次口服，连用 5~7 天。

四、猪疥螨病

猪疥螨病是一种由疥螨寄生于猪皮肤而引起的慢性皮肤寄生虫病。

【流行特点】疥螨成虫呈灰白色或略带黄色，外形椭圆，形似蜘蛛，有 4 对足，在足的末端有吸盘或刚毛。虫体很小，肉眼很难看到，雄虫（0.23~0.34）毫米 ×（0.17~0.24）毫米，雌虫（0.34~0.51）毫米 ×（0.28~0.36）毫米，虫卵呈椭圆形，大小为 0.15 毫米 ×0.1 毫米。疥螨虫在潮湿、寒冷环境中生命力强，在干燥、温暖及阳光直射的环境中抵抗力很弱。

疥螨虫在猪皮肤内挖隧道寄生，以淋巴液和组织液为食，并在隧道内产卵繁殖后代。一只雌虫每天产卵 1~2 个。虫卵经过 3~4 天孵化成幼虫，再过 2~3 天变成若虫，若虫再经过 3~4 天发育为成虫。性成熟的雌虫与雄虫交配，雌虫在 3~4 天后开始产卵。猪疥螨虫从虫卵发育至成虫，大约需要 15 天时间。

本病各种年龄的猪均可感染，但以仔猪多发。感染发病没有季节性，但秋、冬、春季发病较多，夏季发病较少。病猪是主要传染源，健康猪通过与病猪直接接触或接触被污染的栏杆、用具、杂物等而感染。饲养管理条件差或卫生条件差的猪场都会引起本病发生。

【临床症状】病猪主要发生在皮肤细薄、体毛较少的头颈、肩胛等部位。大部分先发生在头部，特别是眼睛周围，严重时可蔓延至腹部、四肢乃至全身。由于疥螨虫的口器刺入皮下吸食淋巴液和组织浆液，病变部开始发红、局部发炎、瘙痒，经常在墙角、猪栏等粗糙处摩擦。数天后皮肤上出现小结节，随后破溃，结成痂皮（图 8-70），体毛脱落。病情严重时

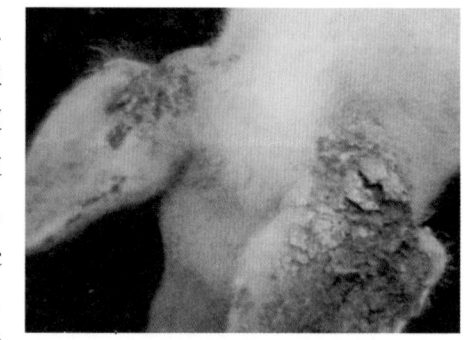

图 8-70 病猪耳部皮肤结痂、龟裂

出现皮肤干裂，食欲减退，生长停滞，逐渐消瘦，甚至引起死亡。

【防治措施】

1）要保持圈舍通风透光、干燥清洁，冬、春季节勤换垫草。

2）猪群不能过于拥挤，定期消毒圈栏、用具等。

3）新引进的猪应仔细检查，确定无疥螨虫才能合群饲养。

4）对猪群进行定期驱虫消毒，对病猪及时治疗。

5）治疗。

①敌百虫，溶解在水中，配成1%~3%溶液喷洒猪体或洗擦患部。间隔10~14天再用1次，效果更好。敌百虫溶液要现用现配，不宜久存。

②伊维菌素，每千克体重0.3毫克，皮下注射或浅层肌内注射，药效可在猪体内维持20天左右。

③双甲脒，喷洒猪体，现用现配，间隔10天左右再用1次。用于预防可每隔2~3个月喷洒1次。

五、猪虱病

猪虱病是一种由猪虱寄生于猪体表面而引起的体表寄生虫病。

【流行特点】本病各种年龄的猪均有感染性，一年四季均可发生，但以寒冷季节感染严重。病猪是主要传染源，通过直接或间接接触传播，在场地狭窄，猪密集拥挤，管理不良时最易感染。也可通过垫草、用具等引起间接感染。

雌虱每天产卵1~4枚，一生可产卵50~80枚。在产卵时能分泌一种黏性物质，可把虫卵黏附在毛上或鬃上。虫卵经过12~15天孵化出幼虱，幼虱吸食血液，再经过10~14天，蜕皮3次，发育为成虫，性成熟的雌虱与雄虱交配，大约经过10天开始产卵。猪虱终生生活在猪体上，离开猪体后能生活1~10天。当病猪与健康猪接触，猪虱就可以爬到健康猪身上。

【临床症状】猪虱多寄生于耳朵周围、体侧、臀部等处，严重时全身均可寄生。成虫叮咬吸血刺激皮肤，引起皮肤发炎，出现小结节，猪经常搔痒和磨蹭，造成被毛脱落，皮肤损伤。幼龄仔猪感染后，症状比较严重，常因瘙痒不安，影响休息、食欲甚至生长发育。

【防治措施】

1）要保持圈舍通风透光、干燥清洁，冬、春季节勤换垫草。

2）猪群不能过于拥挤，定期消毒圈栏、用具等。

3）新引进的猪应仔细检查，确定无虱才能合群饲养。

4）对猪群进行定期驱虫消毒，对病猪及时治疗。

5）治疗。

①敌百虫，溶解在水中，配成 1%~3% 溶液喷洒猪体或洗擦患部。间隔 10~14 天再用 1 次，效果更好。敌百虫水溶液要现用现配，不宜久存。

②伊维菌素，猪每千克体重 0.3 毫克，皮下注射或浅层肌内注射。

③双甲脒，喷洒猪体，现用现配，间隔 10 天左右再用 1 次。用于预防可每隔 2~3 个月喷洒 1 次。

第三节　猪常见的普通病及防治

一、猪亚硝酸盐中毒

【病因】青菜类饲料（如白菜、卷心菜、萝卜叶、甜菜叶、野生青菜等）均含有一定量的硝酸盐和少量的亚硝酸盐，当长期堆积发生腐烂，或用火焖煮且长久焖在锅内贮存时，其中的硝酸盐大量转为毒性的亚硝酸盐，这些亚硝酸盐被猪吃入体内后，猪血液中氧合血红蛋白转变成高铁血红蛋白，失去携氧能力，导致全身组织器官缺氧、呼吸中枢麻痹而死亡。

【临床症状】病猪表现为食后 10~30 分钟突然发病，狂躁不安，有疼痛感，呕吐、流涎、呼吸困难，心跳加快，走路摇摆乱撞、转圈。皮肤、耳尖、嘴唇及鼻盘等部位开始苍白，后变为紫红色，腹部鼓胀（图 8-71），四肢及耳发凉，体温下降，倒地痉挛，口吐白沫，如果不及时抢救，很快死亡。中毒轻者也可逐渐恢复。

【病理变化】血液呈酱油色、凝固不良；胃内充满食物，胃肠黏膜呈现不同程度的充血、出血；肝脏、肾脏呈乌紫色（图 8-72）；肺充血；气管和支气管黏膜充血、出血，管腔中充满带红色的泡沫状液体；心外膜、心肌有出血斑点。严重者，胃黏膜脱落或溃疡。

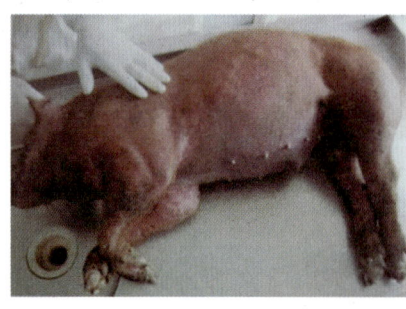

图 8-71　突然死亡猪皮肤呈紫红色，腹部鼓胀

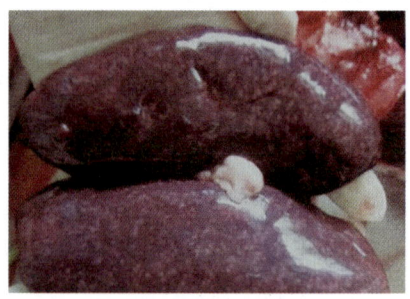

图 8-72　病猪肾脏呈乌紫色

【防治措施】

1）饲料必须清洁、新鲜，堆放在通风的地方，经常翻动，不使其霉烂。

2）不用发热霉烂的菜叶等喂猪，青饲料要新鲜，切忌蒸煮加盖焖熟。

3）如果发病，尽快剪耳断尾放血，静脉或肌内注射1%的亚甲蓝溶液，每千克体重1毫克。口服或注射大剂量维生素C，静脉注射葡萄糖溶液。心脏衰弱者可肌内注射安钠咖。

二、猪菜籽饼（粕）中毒

【病因】菜籽饼（粕）是一种蛋白质饲料，但菜籽饼（粕）中含有芥子苷、苷子酸钾、苷子酶和苷子碱等成分，特别是其中的芥子苷在芥子酶作用下，可水解形成异硫酸丙烯酯或丙烯基芥子油等有毒成分。若不经处理，长期或大量饲喂可引起中毒。

【临床症状】病猪表现为腹痛，腹泻，粪便带血，食欲减退或废绝，口吐白沫，有时出现呕吐现象（图8-73），排尿次数增多，有时尿中有血。呼吸困难，咳嗽，鼻腔中流出泡沫样液体，结膜发绀。严重中毒时，精神极度沉郁，四肢无力，站立不稳，体温下降，耳尖和四肢末端发凉，瞳孔放大，心脏衰弱，最后虚脱而死。

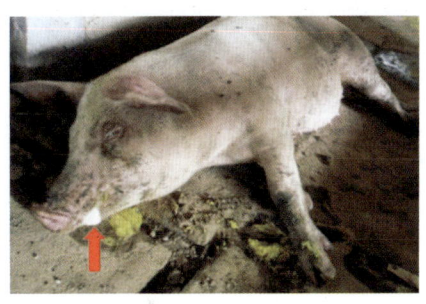

图8-73 病猪呕吐

【病理变化】肠黏膜充血或点状出血；胃内有少量凝血块；肾脏出血；肝脏混浊肿胀；心内、外膜有点状出血；肺水肿、气肿；血液呈油漆样、凝固不良。

【防治措施】

1）菜籽饼（粕）喂猪要限制用量，一般应占饲料的5%以下。

2）配合猪的饲料时，不要单独使用菜籽饼（粕），应与其他类蛋白质饲料进行搭配。

3）要进行脱毒处理。

①坑埋脱毒法。选择向阳、干燥、地温较高的地方挖一个约1米^{3}的土坑（按菜籽饼（粕）的数量决定坑的大小）。将菜籽饼（粕）用一定数量的水（1∶1水量效果最好）浸透泡软后埋入坑内，顶部和底部覆盖一薄层麦草，覆盖土20厘米，2个月取出使用，平均脱毒率为85%左右。

②发酵中和法。在发酵池或缸中放入清洁的40℃温水，然后将碎菜籽饼投入发酵。饼与水的比例为1∶（3.5~4），温度以38~40℃为宜，每隔2小时搅拌1次，经16小时左右，pH达3.8后，继续发酵6~8小时，充分滤去发酵水，再加清水至原有量，

搅拌均匀，后加碱中和。中和时，碱液浓度要适宜。在不断搅拌下，分次喷入，中和到 pH 保持 7~8 不再下降为止。沉淀 2 小时，滤去废液，湿饼即可作为饲料。如长期保存，还必须进行干燥处理。本方法去毒效果可达 90% 以上。

4）若发现菜籽饼（粕）中毒，必须立即停喂菜籽饼（粕），改喂其他蛋白质饲料。治疗时洗胃，内服蛋清、牛奶、豆浆等，肌内注射 10% 安钠咖 5~10 毫升。

三、猪酒糟中毒

【病因】酒糟是养猪的常用饲料，但酒糟中含有酒精，而且保存过久易发酵腐败产生多种有毒的游离酸和杂醇油，若长期饲喂或 1 次饲喂过量均可能引起中毒。

【临床症状】病猪慢性中毒时，主要表现出消化不良、皮炎、血尿等症状，妊娠母猪多有流产。急性中毒时，主要表现兴奋不安，黏膜潮红，气喘，心跳加快，行走摇摆不稳，逐渐失去知觉，常有皮疹，最后体温下降，虚脱而死。

【病理变化】肺水肿、充血；胃肠黏膜充血；肝脏肿胀、质脆。

【防治措施】

1）必须用新鲜酒糟喂猪，并且要限量，最好和青饲料搭配混喂，新鲜酒糟在饲料中所占的比例宜为 20%~30%，干酒糟占 10% 左右。

2）妊娠母猪、泌乳母猪和种公猪最好不喂酒糟，以防流产、死胎、弱胎及精子畸形等。

3）发现酒糟中毒后要立即停止饲喂。治疗时，用 5% 碳酸氢钠溶液 300~500 毫升，内服；用 5% 碳酸钠注射液 70~90 毫升，静脉注射；对兴奋不安的病猪，可肌内注射盐酸氯丙嗪注射液，剂量为每千克体重 2 毫克。

四、猪霉败饲料中毒

【病因】猪霉败饲料中毒是由饲料保管和贮存不善，如淋雨、水泡、潮湿、加工调制不当等，给霉菌和腐败菌创造了生长繁殖条件，使饲料发霉、腐败变质，产生大量有毒物质，如蛋白质的分解产物和细菌毒素（黄曲霉毒素、赤霉菌毒素、赭曲霉毒素、黄绿青霉素等）等。当猪采食霉败变质饲料后，很快就会引起急性中毒。若长期少量饲喂这种饲料，也会引起慢性中毒。

【临床症状】猪中毒后，初期表现为精神不振，食欲减退，结膜潮红，鼻镜干燥，磨牙，流涎，有时发生呕吐，便秘，排便干而少，后肢步态不稳。病情继续发展，食欲废绝，吞咽困难，腹痛、腹泻，粪便腥臭，常带有黏液和血液。最后病情发展更严重时，病猪卧地不起，失去知觉，呈昏迷状态，心跳加快，呼吸困难，全身痉挛，腹下皮肤出现红紫斑。病初体温升高到 40~41℃，病后期体温下降。慢性中毒时，表现为食欲减退，消化不良，猪体日益消瘦。妊娠母猪常引起流产，哺乳母猪乳汁减少或无乳。

【病理变化】胃黏膜发红有出血斑，胃壁肿胀；肠系膜呈姜黄色；心外膜有出血点，心内膜大量出血；膀胱黏膜充血或出血；肺有不同程度水肿；肝脏肿大、呈黄色。

【防治措施】

1）要禁止用霉败变质饲料喂猪，若饲料发霉较轻而没有腐败变质，经暴晒、加热处理等，可以限量饲喂。

2）发现中毒后，要立即停喂霉败饲料，改喂其他饲料，尤其是多喂些青绿多汁饲料。治疗时可采取排毒、强心补液，对症治疗胃肠炎等措施，如用硫酸钠或硫酸镁30~50克，1次加水内服；用10%~25%葡萄糖溶液200~400毫升、维生素C 10~20毫升、10%安钠咖5~10毫升，混合1次静脉或腹腔注射；每头猪每次用磺胺脒1~5克，加水内服，每天2次。

五、猪食盐中毒

【病因】食盐是猪体不可缺少的营养物质，适量的食盐能增进食欲，促进生长，但过量饲喂可引起中毒，甚至造成死亡。食盐中毒主要是由于突然喂了大量食盐，或大量饲喂含盐量很大的酱油渣、咸鱼粉等，加之饮水不足而造成的。猪对食盐比较敏感，尤其是仔猪，猪食盐中毒的致死量为125~250克，平均每千克体重3.7克。如果猪每天按每千克体重摄取2克食盐，在限制饮水条件下，2~3天后就会出现中毒症状。

【临床症状】病猪表现为精神不振，食欲减退或废绝，流涎，呕吐，极度口渴，腹痛，便秘或腹泻，便中带血。神经机能紊乱，前冲后退，有时转圈，呼吸困难，瞳孔放大，结膜潮红，抽搐，心脏衰弱，卧地不起，最后昏迷而死亡。

【病理变化】尸僵不全，血液凝固不全；胃黏膜充血、出血，有的出现溃疡；肝脏肿大、瘀血，胆囊肿大，胆汁呈浅黄色；脑脊髓呈现不同程度充血、水肿，急性病例的脑膜和大脑实质（特别是皮质）最为明显。

【防治措施】

1）要严格掌握每头猪每天食盐饲喂量，成年猪15克，青年猪10克，仔猪5克左右。利用酱油渣、鱼粉等含食盐较多的饲料喂猪时，应与其他饲料合理搭配，一般不能超过饲料总量的10%，并注意每天随时饮足量的水。

2）发现猪食盐中毒后，就立即停喂含盐过多的饲料。这时病猪表现极度口渴，可供给大量清水或糖水，促进其排盐和解毒；利用硫酸钠30~50克或油类泻剂100~200毫升，加水1次内服；用10%安钠咖5~10毫升、0.5%樟脑水10~20毫升，皮下或肌内注射，以强心利尿排毒。

六、猪的佝偻病与软骨病

佝偻病常发生于生长迅速的幼龄猪，软骨病多见于妊娠后期和过多泌乳的母猪。

【病因】饲料中钙和磷缺乏，或二者比例失调或维生素D缺乏又日光照射不足时，幼龄猪发生佝偻病，成年猪形成软骨病。此外，猪的胃肠道疾病、寄生虫病、先天发育不良、饲料中蛋白质饲料过多，均会诱发本病。

【临床症状】先天性佝偻病仔猪生下来即见颜面骨肿大，硬腭突出，四肢肿大，行走时关节不能屈曲，呈现"X"形腿（图8-74）。后天性则病程进展缓慢，病猪喜食泥土，啃咬饲槽、墙壁等，食欲减退，被毛粗乱，生长不良；继而喜卧、厌动，发生跛行，步样强拘，行走困难，强行运动时，步态蹒跚，有时出现低钙性抽搐，突然倒地等症状。病情严重时，骨骼变形，关节部位肿胀、肥厚，有的不能站立，胸廓两侧扁平狭小，脊柱畸形（图8-75）。

图8-74 仔猪呈现"X"形腿（佝偻病）　　图8-75 病猪脊柱畸形

成年猪患骨软病时表现行动强拘，后躯麻痹，跛行，自发性股骨、腰椎、骨盆骨等骨折。

【防治措施】

1）改善仔猪、妊娠及哺乳母猪的饲养管理，给予含钙、磷充足且比例合适的饲料，饲料中可补加鱼肝油或经紫外线照射的酵母。

2）加强运动和放牧，保持猪舍光线充足、通风、温暖、干燥，有条件时冬季可用紫外线照射，每天1次，时间为15~20分钟，距离为1~1.5米。

3）治疗。

①维生素D制剂注射液，每头1~2毫升，肌内注射，每天1次，连用5~7天。

②浓缩维生素AD，每头0.5~1毫升，拌入饲料中喂服，每天1次，连用数天。

③维生素D胶性钙，每头1~2毫升，肌内注射。

钙、磷制剂的补充与维生素D同时进行。饲料中可补加骨粉、鱼粉、甘油磷酸钙等。同时要适当运动和照射阳光。

七、猪白肌病

【病因】猪白肌病的发生原因比较复杂，主要与缺乏维生素E和微量元素硒以及运动不足有关，本病主要发生于20日龄以内的仔猪，体重30~60千克、生长比较快的猪也多发，本病的发生有一定的地区性，我国东北地区比较严重。

【临床症状】病猪一般营养较好，精神、食欲、体温正常，随着病情发展而出现不愿走动，心跳加快。再进一步发展，则出现腿硬、拱背，走路摇晃，前腿跪下，最后呼吸困难，心脏衰竭而死。

【病理变化】剖检病死猪可发现皮肤发白，结膜苍白、水肿；肌肉像水煮过，横切面有灰白色坏死灶；肝脏瘀血、肿胀、质脆，有的病例有坏死或出血。

【防治措施】

1）在本病发生地区，应注意在猪饲料中添加维生素E制剂和亚硒酸钠。

2）对病猪可注射维生素E注射液2~3毫升（每毫升含维生素E 5毫克），连用3天，同时皮下注射0.1%亚硒酸钠注射液1~3毫升。

八、仔猪贫血症

【病因】仔猪贫血症主要由于缺乏铁、铜、钴等微量元素，尤其是缺乏铁元素所造成的。仔猪出生后生长速度非常快，4周体重可以增长7倍，每天需要营养铁10毫克左右。但从母乳中获得的铁是微乎其微的，动用肝脏、脾脏中贮存的少量的铁仍不能满足生长需要。因此，这时容易发生缺铁性贫血。仔猪吃到饲料后，可以从饲料中获得足够的铁，此后就不容易发病。

【临床症状】患病仔猪一般外表肥壮，但精神委顿，心搏亢进，呼吸增快、气喘，在运动后更为明显，眼结膜、鼻端及四肢的颜色苍白，常可出现突然死亡，或由于并发肺炎而死亡。当病程进一步发展，病猪精神更加迟钝，被毛粗乱，眼结膜苍白，往往有轻度黄疸现象，有的发生腹泻，对这样的仔猪进行治疗，常不见效果，即使没有死亡，将来生长速度明显慢于健康猪。

【病理变化】血液稀薄如红墨水样；肌肉变色；胸腹腔内常有积液；心脏扩张，质松软；肝脏肿大。

【防治措施】

1）预防仔猪缺铁性贫血，关键是给仔猪补铁，出生后几小时内给仔猪投服铁的化合物以满足需要。用硫酸亚铁2.5克、硫酸铜1克、氯化钴0.2克，溶于1000毫升水中，用纱布滤过，装入瓶中，待猪吮乳时，用干净棉花蘸液刷在母猪的乳头上，让仔猪吮乳时吸入，也可供仔猪饮用。

2）用肌内注射的方式补铁，对3日龄的仔猪肌内注射右旋糖酐铁钴注射液2毫升，一般1次即可，必要时隔周再注射1次。

九、猪维生素A缺乏症

【病因】原发性维生素A缺乏症主要见于饲料中胡萝卜素或维生素A含量不足；饲料加工不当，使其氧化破坏；饲料中磷酸盐、亚硝酸盐含量过高，中性脂肪和蛋白质含量不足，影响维生素A在体内的转化吸收；机体由于泌乳、生长过快等原因维生素A需要量增加时。继发性维生素A缺乏症主要见于慢性消化不良和肝脏疾病（引起胆汁生成减少和排泄障碍，影响维生素A的吸收）以及某些热性病、传染病等。哺乳仔猪维生素A缺乏则与母乳质量有关。

【临床症状】仔猪发病后典型症状是皮肤粗糙、皮屑增多、咳嗽、腹泻、生长发育迟缓。严重者，病体消瘦，运动失调，多为走路摇摆（图8-76），随后失控，最终后肢瘫痪。有的猪还表现行走僵直、脊柱前凸、痉挛和极度不安。在后期发生夜盲症、视力减弱和干眼。妊娠母猪常出现流产和死胎，所生仔猪失明或眼畸形，全身水肿，体质衰弱，易患病和死亡。公猪性欲下降或精子活力低以及排死精子。

图8-76 病猪消瘦，运动失调，走路摇摆

【病理变化】无特征性变化，主要变化是胃肠道炎症和黏膜增厚。也可见心脏、肺、肝脏、肾脏充血。

【防治措施】

1）保证饲料中含有充足的维生素A或胡萝卜素及玉米黄素，消除影响维生素A吸收、利用的不利因素。

2）做好饲料的收割、加工、调制和保管工作，如谷物饲料贮藏时间不宜过长，配合饲料要及时饲喂。

3）发病后，可肌内注射维生素AD 2~5毫升，隔天1次。吃食猪可每天将10~15升鱼肝油拌入饲料中。尚未吃食的猪可灌服鱼肝油2~5毫升，每天2次。对眼部、呼吸道和消化道的炎症应对症治疗。

十、猪维生素B缺乏症

【病因】维生素B缺乏症是由B族维生素缺乏引起的多种疾病的总称。B族维生素来源广泛，在青饲料、酵母、麸皮、米糠及发芽的种子中含量较高，只有玉米中缺乏烟酸，但 B 族维生素易溶于水，很少或几乎不能在身体中贮存，因此，饲料中短期缺乏或不足就足以影响动物的健康。

【临床症状】

（1）维生素 B_1（硫胺素）缺乏症　维生素 B_1 缺乏时，病猪食欲显著下降，呕吐，腹泻，生长不良，皮肤和黏膜发绀，可突然死亡。

（2）维生素 B_2（核黄素）缺乏症　病猪发病初期表现生长缓慢，消化机能紊乱，患白内障，皮肤粗、干、变薄，继而发生红斑疹及鳞屑性皮炎，局部脱毛、溃疡、脓肿等。这些病变主要见于鼻和耳后、背中线及其附近、腹股沟区、腹部及蹄冠部等处。母猪还可引起繁殖及泌乳性能不良。

（3）维生素 B_3（泛酸）缺乏症　病猪食欲不振，生长发育不良，被毛脱落，运动失调，腹泻，咳嗽。母猪表现繁殖和泌乳性能降低。病理剖检时可见结肠充血、水肿和发炎。

（4）维生素 B_6（吡哆素）缺乏症　病猪生长停滞，腹泻，严重的贫血，抽搐，运动失调以及肝脂肪浸润。在癫痫型抽搐之前，猪常表现为激动和神经质。

（5）生物素（维生素 H）缺乏症　病猪表现为脱毛，患皮肤病，皮肤溃疡，后腿痉挛，蹄横向开裂、出血及口腔黏膜炎症等。

（6）烟酸（维生素 PP）缺乏症　病猪食欲消失，消瘦，严重腹泻，患皮炎，神经紊乱，贫血。

【防治措施】在饲粮配合时，注意充分供应富含维生素 B 的麸皮及青绿饲料，在治疗病猪时，应添加维生素 B 或增加麸皮及青绿饲料。

十一、母猪子宫炎

【病因】母猪子宫炎是其子宫内膜发生炎症的疾病。主要原因是人工授精时不遵守卫生规则，器皿和输精管消毒不严，使母猪子宫内发生感染；母猪难产时，手术助产不卫生也可感染。另外，子宫脱垂、胎衣不下、子宫复旧不全、流产、胎儿腐败分解、死胎存留在子宫内等，均能引起子宫炎。

【临床症状】病猪主要表现为拱背，努责，从阴门流出液性或脓性分泌物，严重者分泌物呈污红色或棕色，并有恶臭味，站立走动时向外排出，卧下时排出更多。急性病例表现为体温升高，精神沉郁，食欲不振，不愿给仔猪哺乳，有的病猪发情不正常，发情时流出更多的炎性分泌物，这种猪通常屡配不孕，偶尔妊娠，也易引起流产。

【防治措施】

1）猪舍保持清洁干燥，母猪临产时要调换清洁垫草，在助产时严格注意消毒，操作要轻巧细微,产后加强饲养管理,人工授精要严格进行消毒。在处理难产时,取出胎儿、胎衣后,将抗生素装入胶囊内直接塞入子宫腔,可预防子宫炎的发生。

2)发病治疗时可选用10%氯化钠、0.1%高锰酸钾、0.1%雷弗努尔、1%明矾或2%碳酸氢钠冲洗子宫,必须把液体导出,最后,注入青霉素、链霉素各100万国际单位。对体温升高的病猪,用安乃近10毫升或安痛定10~20毫升,肌内注射;用青霉素、链霉素各200万国际单位,肌内注射。

十二、母猪乳腺炎

【病因】母猪乳腺炎是由病原微生物侵入乳房引起的炎症病变。主要由于母猪腹部下垂接触粗糙地面,在运动中容易擦伤乳房而感染发炎,或因猪舍潮湿、天气寒冷、乳房冻伤、仔猪咬伤乳头等细菌感染而发炎。另外,在母猪产前产后,突然喂给大量多汁和发酵饲料,乳汁分泌过多,积聚于乳房内,也易引起乳腺炎。

【临床症状】病猪一个乳房和几个乳房同时发生肿胀、疼痛,当仔猪吮乳时,母猪突然站立,不让仔猪吮乳。诊断检查乳房时,可见乳房充血、肿胀,触诊乳房发热、硬结、疼痛,挤出的乳汁稀薄如水,逐渐变为乳清样,乳汁中有絮状物。患化脓性乳腺炎时,挤出的乳汁呈黄色或浅黄色的絮状物。脓肿破溃时,流出大量脓汁。患坏疽性乳腺炎时,乳房肿大,皮肤呈紫红色,乳汁呈红色,并带有絮状物和腥臭味。严重者,母猪精神不振,食欲减退或废绝,卧地不起,泌乳停止,体温升高。

【防治措施】

1)哺乳母猪舍应保持清洁干燥,冬季产仔应多垫柔软干草,仔猪断奶前后最好能做到逐渐减少喂乳次数,使乳腺活动慢慢降低。

2)母猪发病后,病初用毛巾或纱布浸冷水,冷敷发炎局部,然后涂擦10%的鱼石脂软膏;对体温升高的病猪,用安乃近10毫升或安痛定10~20毫升,肌内注射;用青霉素、链霉素各200万国际单位,肌内注射,每天2次,连用2~3天。乳房脓肿时,必须成熟之后才可切开排脓,用3%的过氧化氢溶液或0.3%的高锰酸钾冲洗脓腔,之后涂甲紫和消炎软膏。

十三、母猪产后瘫痪

本病是母猪产后突然发生的一种严重的急性神经障碍性疾病,其特征是知觉丧失及四肢瘫痪。

【病因】本病的病因目前还不十分清楚。一般认为是由于血糖、血钙浓度过低引起的,产后血压降低等原因也可引起瘫痪。

【临床症状】本病多发生于产后2~5天。病猪精神极度萎靡,一切反射变弱,甚至消失。食欲显著减退或废绝，躺卧昏睡，体温正常或稍高，粪便干硬且少，以后则停止排粪、排尿。轻者站立困难，重者卧地不起，不能站立（图8-77）。

【防治措施】首先，静脉注射10%葡萄糖酸钙注射液50~150毫升和50%葡萄糖注射液50毫升，每天1次，连用数天。同时应投给缓泻剂（如硫酸钠或硫酸镁），或用温肥皂水灌肠，清除直肠内蓄粪。其次，对猪进行全身按摩，以促进血液循环和神经机能的恢复。增添柔软的褥草，经常翻动病猪，防止其发生褥疮。

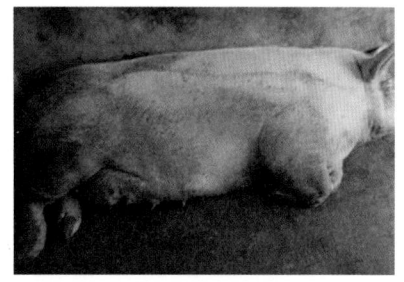

图8-77 母猪产后卧地不起

十四、猪中暑

猪对热的耐受力差，长时间在烈日照射下，就会发生日射病，而在潮湿闷热的环境中则易引起热射病。日射病和热射病统称为中暑。

【病因】猪中暑主要发生在炎热的夏季，猪长时间受烈日照射、长途运输、追赶、过度疲劳及猪舍狭窄、猪多拥挤、通风不良，影响体热散发，都易引发本病。

【临床症状】病猪表现突然发病，呼吸急促，心跳加快，体温升高到42℃以上，眼结膜充血，口吐泡沫，兴奋狂躁不安，出汗，走路摇晃，瞳孔放大，卧地不起，如抢救不及时，常因心脏衰竭而死亡。

【防治措施】

1）夏季猪舍要通风良好，运动场应搭好凉棚。

2）在猪圈或运动场一角设浅水池，经常供给清凉饮水。

3）发现猪中暑时，应立即将病猪移至凉爽通风的地方，并用冷水喷洒头部，剪尾和耳尖放血。静脉或腹腔注射葡萄糖生理盐水100~500毫升。对精神兴奋的病猪可注射盐酸氯丙嗪，每千克体重注射2毫克。

十五、猪脱肛

【病因】猪脱肛是指直肠的一部分或大部分脱出肛门外面。本病多发生于体质衰弱的仔猪，常因消化不良、便秘或顽固性腹泻引起的。母猪分娩时过度努责，也会造成脱肛。

【临床症状】病猪表现为直肠脱出肛门，不能自行恢复。呈圆柱或半圆球形，初期黏膜呈粉红色，时间稍长因肠管受到肛门括约的钳压，血流不畅造成瘀血和炎症水肿，黏膜呈暗紫色，表面干燥，形成横的皱襞（图8-78）。最后变为化脓性坏死，严重的可因败血症而死亡。

【防治措施】

1）仔猪要喂柔软饲料，保证有足够的蛋白质和青饲料供应，平时应适当地给予运动，饮水要充足。

2）猪发病后，治疗的原则是整复脱出肠管，防止继发外伤和坏死。整复前用0.5%高锰酸钾或1%明矾冲洗直肠和肛门周围的污染物。

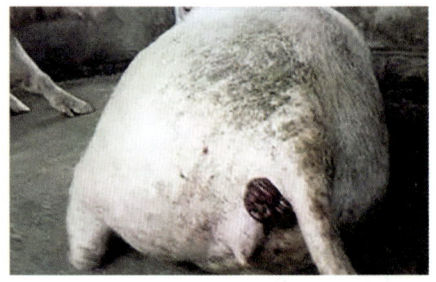

图8-78　肛门内黏膜脱出，呈红色团状物

助手将猪的后腿抬起，术者把脱出的直肠送回。如果脱出时间较长，黏膜发生水肿和轻度坏死，整复有一定困难，可针刺水肿黏膜，排出水肿液，小心剪去坏死膜，但切忌剪断肠壁肌层，然后撒布明矾粉，将脱出的肠管送回。整复时为防止努责，可在肛门边缘1~2厘米处，上、左、右三点皮下注射酒精或1%奴夫卡因10~30毫升。整复后为防止再脱，可在肛门周围进行烟包式缝合。入针时不要穿过直肠腔，留出一定的排粪口，经7~10天拆除缝线。

附　录

附录 A　瘦肉型生长育肥猪饲养标准

瘦肉型生长育肥猪饲养标准见附表 A-1 和附表 A-2。

附表 A-1　瘦肉型生长育肥猪每千克饲粮养分含量（自由采食，88% 干物质）[a]

项目		体重/千克				
		3~8	8~20	20~35	35~60	60~90
平均体重/千克		5.5	14.0	27.5	47.5	75.0
日增重/（千克/天）		0.24	0.44	0.61	0.69	0.80
采食量/（千克/天）		0.30	0.74	1.43	1.90	2.50
饲料/增重		1.25	1.59	2.34	2.75	3.13
饲粮消化能含量/[兆焦/千克（卡/千克）]		14.02（3350）	13.60（3250）	13.39（3200）	13.39（3200）	13.39（3200）
饲粮代谢能含量/[兆焦/千克（卡/千克）][b]		13.46（3215）	13.06（3120）	12.86（3070）	12.86（3070）	12.86（3070）
粗蛋白质（%）		21.0	19.0	17.8	16.4	14.5
能量蛋白比[千焦/%（卡/千克）]		668（160）	716（170）	752（180）	817（195）	923（220）
赖氨酸能量比[克/兆焦（克/兆卡）]		1.01（4.24）	0.85（3.56）	0.68（2.83）	0.61（2.56）	0.53（2.19）
氨基酸[c]（%）	赖氨酸	1.42	1.16	0.90	0.82	0.70
	蛋氨酸	0.40	0.30	0.24	0.22	0.19
	蛋氨酸+胱氨酸	0.81	0.66	0.51	0.48	0.40
	苏氨酸	0.94	0.75	0.58	0.56	0.48
	色氨酸	0.27	0.21	0.16	0.15	0.13
	异亮氨酸	0.79	0.64	0.48	0.46	0.39
	亮氨酸	1.42	1.13	0.85	0.78	0.63
	精氨酸	0.56	0.46	0.35	0.30	0.21
	缬氨酸	0.98	0.80	0.61	0.57	0.47
	组氨酸	0.45	0.36	0.28	0.26	0.21

(续)

项目		体重/千克				
		3~8	8~20	20~35	35~60	60~90
氨基酸[c]（%）	苯丙氨酸	0.85	0.69	0.52	0.48	0.40
	苯丙氨酸+酪氨酸	1.33	1.07	0.82	0.77	0.64
矿物质[d]	钙（%）	0.88	0.74	0.62	0.55	0.49
	总磷（%）	0.74	0.58	0.53	0.48	0.43
	非植酸磷（%）	0.54	0.36	0.25	0.20	0.17
	钠（%）	0.25	0.15	0.12	0.10	0.10
	氯（%）	0.25	0.15	0.10	0.09	0.08
	镁（%）	0.04	0.04	0.04	0.04	0.04
	钾（%）	0.30	0.26	0.24	0.21	0.18
	铜/（毫克/千克）	6.00	6.00	4.50	4.00	3.50
	碘/（毫克/千克）	0.14	0.14	0.14	0.14	0.14
	铁/（毫克/千克）	105	105	70	60	50
	锰/（毫克/千克）	4.00	4.00	3.00	2.00	2.00
	硒/（毫克/千克）	0.30	0.30	0.30	0.25	0.25
	锌/（毫克/千克）	110	110	70	60	50
维生素和脂肪酸[e]	维生素A/（国际单位/千克）	2200	1800	1500	1400	1300
	维生素D_3/（国际单位/千克）	220	200	170	160	150
	维生素E/（国际单位/千克）	16	11	11	11	11
	维生素K/（毫克/千克）	0.50	0.50	0.50	0.50	0.50
	硫胺素/（毫克/千克）	1.50	1.00	1.00	1.00	1.00
	核黄素/（毫克/千克）	4.00	3.50	2.50	2.00	2.00
	泛酸/（毫克/千克）	12.00	10.00	8.00	7.50	7.00
	烟酸/（毫克/千克）	20.00	15.00	10.00	8.50	7.50
	吡哆醇/（毫克/千克）	2.00	1.5	1.00	1.00	1.00
	生物素/（毫克/千克）	0.08	0.05	0.05	0.05	0.05
	叶酸/（毫克/千克）	0.30	0.30	0.30	0.30	0.30
	维生素B_{12}/（微克/千克）	20.00	17.50	11.00	8.00	6.00
	胆碱/（克/千克）	0.60	0.50	0.35	0.30	0.30
	亚油酸（%）	0.10	0.10	0.10	0.10	0.10

注：摘自 NY/T 65—2004《猪饲养标准》。
  a 瘦肉率高于56%的公、母混养猪群（阉公猪和青年母猪各一半）。
  b 假定代谢能为消化能的96%。
  c 3~20千克猪的赖氨酸的百分比是根据试验和经验数据的估测值，其他氨基酸需要量是根据其与赖氨酸的比例（理想蛋白质）的估测值；20~90千克猪的赖氨酸需要量是结合生长模型、试验数据和经验数据的估测值，其他氨基酸需要量是根据其与赖氨酸的比例（理想蛋白质）的估测值。
  d 矿物质需要量包括饲料原料中提供的矿物质量。
  e 维生素需要量包括饲料原料中提供的维生素量。

附表 A-2　瘦肉型生长育肥猪每天每头养分需要量（自由采食，88% 干物质）[a]

项目		体重/千克				
		3~8	8~20	20~35	35~60	60~90
平均体重/千克		5.5	14.0	27.5	47.5	75.0
日增重/（千克/天）		0.24	0.44	0.61	0.69	0.80
采食量/（千克/天）		0.30	0.74	1.43	1.90	2.50
饲料/增重		1.25	1.59	2.34	2.75	3.13
饲粮消化能摄入量/[兆焦（兆卡）]		4.21 (1005)	10.06 (2405)	19.15 (4575)	25.44 (6080)	33.48 (8000)
饲粮代谢能摄入量/[兆焦（兆卡）[b]]		4.04 (965)	9.66 (2310)	18.39 (4390)	24.43 (5835)	32.15 (7675)
粗蛋白质/（克/天）		63	141	255	312	363
氨基酸[c]（克/天）	赖氨酸	4.3	8.6	12.9	15.6	17.5
	蛋氨酸	1.2	2.2	3.4	4.2	4.8
	蛋氨酸+胱氨酸	2.4	4.9	7.3	9.1	10.0
	苏氨酸	2.8	5.6	8.3	10.6	12.0
	色氨酸	0.8	1.6	2.3	2.9	3.3
	异亮氨酸	2.4	4.7	6.7	8.7	9.8
	亮氨酸	4.3	8.4	12.2	14.8	15.8
	精氨酸	1.7	3.4	5.0	5.7	5.5
	缬氨酸	2.9	5.9	8.7	10.8	11.8
	组氨酸	1.4	2.7	4.0	4.9	5.5
	苯丙氨酸	2.6	5.1	7.4	9.1	10.0
	苯丙氨酸+酪氨酸	4.0	7.9	11.7	14.6	16.0
每日矿物质需要量[d]	钙/克	2.64	5.48	8.87	10.45	12.25
	总磷/克	2.22	4.29	7.58	9.12	10.75
	非植酸磷/克	1.62	2.66	3.58	3.80	4.25
	钠/克	0.75	1.11	1.72	1.90	2.50
	氯/克	0.75	1.11	1.43	1.71	2.00
	镁/克	0.12	0.30	0.57	0.76	1.00
	钾/克	0.90	1.92	3.43	3.99	4.50
	铜/克	1.80	4.44	6.44	7.60	8.75
	碘/毫克	0.04	0.10	0.20	0.27	0.35
	铁/毫克	31.50	77.70	100.10	114.00	125.00

(续)

项目		体重/千克				
		3~8	8~20	20~35	35~60	60~90
每日矿物质需要量 d	锰/毫克	1.20	2.96	4.29	3.80	5.00
	硒/毫克	0.09	0.22	0.43	0.48	0.63
	锌/毫克	33.00	81.40	100.10	114.00	125.00
维生素和脂肪酸需要量 e	维生素A/国际单位	660	1330	2145	2660	3250
	维生素D_3/国际单位	66	148	243	304	375
	维生素E/国际单位	5	8.5	16	21	28
	维生素K/毫克	0.15	0.37	0.72	0.95	1.25
	硫胺素/毫克	0.45	0.74	1.43	1.90	2.50
	核黄素/毫克	1.20	2.59	3.58	3.80	5.00
	泛酸/毫克	3.60	7.40	11.44	14.25	17.50
	烟酸/毫克	6.00	11.10	14.30	16.15	18.75
	吡哆醇/毫克	0.60	1.11	1.43	1.90	2.50
	生物素/毫克	0.02	0.04	0.07	0.10	0.13
	叶酸/毫克	0.09	0.22	0.43	0.57	0.75
	维生素B_{12}/微克	6.00	12.95	15.73	15.20	15.00
	胆碱/克	0.18	0.37	0.50	0.57	0.75
	亚油酸/克	0.30	0.74	1.43	1.90	2.50

注：摘自 NY/T 65—2004《猪饲养标准》。
  a 瘦肉率高于 56% 的公、母混养猪群（阉公猪和青年母猪各一半）。
  b 假定代谢能为消化能的 96%。
  c 3~20 千克猪的赖氨酸的百分比是根据试验和经验数据的估测值，其他氨基酸需要量是根据其与赖氨酸的比例（理想蛋白质）的估测值；20~90 千克猪的赖氨酸需要量是结合生长模型、试验数据和经验数据的估测值，其他氨基酸需要量是根据其与赖氨酸的比例（理想蛋白质）的估测值。
  d 矿物质需要量包括饲料原料中提供的矿物质量。
  e 维生素需要量包括饲料原料中提供的维生素量。

附录 B 妊娠母猪饲养标准

妊娠母猪饲养标准见附表 B-1。

附表 B-1 妊娠母猪每千克饲粮养分含量（自由采食，88% 干物质）[a]

项目		妊娠前期			妊娠后期		
配种体重/千克[b]		120~150	150~180	>180	120~150	150~180	>180
预期窝产仔数/头		10	11	11	10	11	11
采食量/（千克/天）		2.10	2.10	2.00	2.60	2.80	3.00
饲粮消化能含量/（兆焦/千克）[c]		12.75	12.35	12.15	12.75	12.55	12.55
饲粮代谢能含量/（兆焦/千克）		12.25	11.85	11.65	12.25	12.05	12.05
粗蛋白质（%）[d]		13.0	12.0	12.0	14.0	13.0	12.0
能量蛋白比/（千焦/%）		981	1029	1013	911	965	1045
赖氨酸能量比/（克/兆焦）		0.42	0.40	0.38	0.42	0.41	0.38
氨基酸（%）	赖氨酸	0.53	0.49	0.46	0.53	0.51	0.48
	蛋氨酸	0.14	0.13	0.12	0.14	0.13	0.12
	蛋氨酸+胱氨酸	0.34	0.32	0.31	0.34	0.33	0.32
	苏氨酸	0.40	0.39	0.37	0.40	0.40	0.38
	色氨酸	0.10	0.09	0.09	0.10	0.09	0.09
	异亮氨酸	0.29	0.28	0.26	0.29	0.29	0.27
	亮氨酸	0.45	0.41	0.37	0.45	0.42	0.38
	精氨酸	0.06	0.02		0.06	0.02	
	缬氨酸	0.35	0.32	0.30	0.35	0.33	0.31
	组氨酸	0.17	0.16	0.15	0.17	0.17	0.16
	苯丙氨酸	0.29	0.27	0.25	0.29	0.28	0.26
	苯丙氨酸+酪氨酸	0.49	0.45	0.43	0.49	0.47	0.44
矿物质[e]	钙（%）	0.68					
	总磷（%）	0.54					
	非植酸磷（%）	0.32					
	钠（%）	0.14					
	氯（%）	0.11					
	镁（%）	0.04					

(续)

项目		妊娠前期			妊娠后期		
配种体重/千克[b]		120~150	150~180	>180	120~150	150~180	>180
矿物质[e]	钾（%）			0.18			
	铜/（毫克/千克）			5.0			
	碘/（毫克/千克）			0.13			
	铁/（毫克/千克）			75.0			
	锰/（毫克/千克）			18.0			
	硒/（毫克/千克）			0.14			
	锌/（毫克/千克）			45.0			
维生素和脂肪酸[f]	维生素A/（国际单位/千克）			3620			
	维生素D_3/（国际单位/千克）			180			
	维生素E/（国际单位/千克）			40			
	维生素K/（毫克/千克）			0.50			
	硫胺素/（毫克/千克）			0.90			
	核黄素/（毫克/千克）			3.40			
	泛酸/（毫克/千克）			11			
	烟酸/（毫克/千克）			9.05			
	吡哆醇/（毫克/千克）			0.90			
	生物素/（毫克/千克）			0.19			
	叶酸/（毫克/千克）			1.20			
	维生素B_{12}/（微克/千克）			14			
	胆碱/（克/千克）			1.15			
	亚油酸（%）			0.10			

注：摘自 NY/T 65—2004《猪饲养标准》。

a 消化能、氨基酸是根据我国一些企业的经验数据和NRC（1998）妊娠模型得到的。

b 妊娠前期指妊娠前12周，妊娠后期指妊娠后4周；120~150千克阶段适用于初产母猪和因泌乳期消耗过度的经产母猪，150~180千克阶段适用于自身尚有生产潜力的经产母猪，180千克以上指达到标准成年体重的经产母猪，其对养分的需要量不随体重增长而变化。

c 假定代谢能为消化能的96%。

d 以玉米-豆粕型日粮为基础确定的。

e 矿物质需要量包括饲料原料中提供的矿物质量。

f 维生素需要量包括饲料原料中提供的维生素量。

附录 C 猪的日粮配方实例

猪的日粮配方见附表 C-1 ~ 附表 C-7。

附表 C-1 仔猪人工乳配方

	项目	配方1	配方2	配方3
饲料原料	牛乳/毫升	1000	1000	1000
	全脂乳粉/克	50	100	200
	葡萄糖/克	20	20	40
	鸡蛋/枚	1	1	1
	矿物质溶液/毫升	5	5	5
	维生素溶液/毫升	5	5	5
营养水平	干物质（%）	19.6	23.4	24.65
	总能/兆焦	4.48	5.65	5.23
	消化能/（兆焦/千克）	4.017	4.77	5.19
	粗蛋白质/（克/升）	56.0	62.6	62.3

注：适用于初生至10日龄的仔猪。配方中除鸡蛋、矿物质、维生素溶液外，用蒸汽高温煮沸消毒，冷凉后加入前述营养物质。

附表 C-2 仔猪日粮配方之一（适用于体重 10~20 千克）

	项目	配方1	配方2	配方3	配方4	配方5
饲料原料（%）	玉米	54.4	55.1	57.8	57.4	57.4
	豆粕	28.6	26.5	23.4	25.0	23.7
	麸皮	13.3	10.7	7.1	9.9	8.2
	菜籽饼		4.0	4.0		4.0
	花生饼			4.0	4.0	3.0
	石粉	1.0	1.0	1.0	1.0	1.0
	磷酸氢钙	1.4	1.4	1.4	1.4	1.4
	食盐	0.3	0.3	0.3	0.3	0.3
	预混料	1.0	1.0	1.0	1.0	1.0
营养水平	消化能（兆焦/千克）	13.18	13.22	13.10	12.26	13.05
	粗蛋白质（%）	18.71	18.87	18.44	18.77	18.46

附表 C-3　仔猪日粮配方之二

项目		体重					
		1~5千克		5~10千克		10~20千克	
饲料原料（%）	全脂乳粉	20.0		20.0		13.5	
	脱脂乳粉				10.0		
	玉米粉	15.3	11.0	43.5	13.0	55.2	59.5
	小麦粉	28.2	20.0		22.0		
	高粱粉		9.0	10.0	10.0	7.8	6.2
	小麦麸			5.0		6.0	5.0
	豆饼粉	22.0	18.0	20.0	20.0	21.0	23.7
	鱼粉	8.0	12.0	7.0	12.0	8.3	3.3
	酵母粉	4.0	4.0	2.0	4.0		
	白糖		3.5		3.5		
	碳酸钙	1.0	1.5	0.1	1.5	0.4	0.49
	磷酸钙						0.65
	食盐			0.4		0.3	0.4
	淀粉酶	1.0	0.2				
	胃蛋白酶		0.3				
	胰蛋白酶	0.5					
	微量元素添加剂				1.0		1.0
	维生素添加剂				1.0		
	矿物质—维生素混合		0.5			0.5	0.76
营养水平	消化能（兆焦/千克）	15.27	15.56	13.60	15.56	13.51	13.72
	粗蛋白质（%）	25.2	26.3	22.0	27.1	20.2	18.0

附表 C-4　仔猪日粮配方之三（仔猪断奶日粮配方）

项目		仔猪日龄			
		5~44日龄	45~49日龄	50~59日龄	60~75日龄
饲料原料（%）	玉米	20.0	20.0	22.0	32.0
	高粱	13.0	13.0	20.0	15.0

（续）

项目		仔猪日龄			
		5~44日龄	45~49日龄	50~59日龄	60~75日龄
饲料原料（%）	小米	18.0	16.0		
	麸皮	4.4	4.4	15.0	15.0
	米糠		5.0	5.0	10.0
	豆饼	20.0	20.0	35.0	25.0
	炒大豆粉	5.0	5.0		
	酵母粉	11.0	11.0		
	砂糖	3.0			
	鱼粉	4.0	4.0		
	骨粉	1.0	1.0	1.0	1.0
	贝粉	0.6	0.6	1.0	1.0
	食盐	另加	另加	1.0	1.0
营养水平	消化能/（兆焦/千克）	13.93	14.31	13.51	13.47
	粗蛋白质（%）	18.4	18.8	15.5	13.2

附表 C-5 生长猪日粮配方（适用于 20~50 千克生长猪）

项目		配方1	配方2	配方3	配方4	配方5
饲料原料（%）	玉米	51.7	49.2	49.5	50.7	51.7
	豆粕	19.0	16.6	13.4	15.0	14.9
	麸皮	25.0	25.0	25.0	25.0	25.0
	菜籽饼		5.0	4.0		
	花生饼			4.0	5.0	
	棉籽饼					4.0
	石粉	1.8	1.8	1.7	1.9	2.0
	磷酸氢钙	1.2	1.1	1.1	1.1	1.1
	食盐	0.3	0.3	0.3	0.3	0.3
	预混料	1.0	1.0	1.0	1.0	1.0
营养水平	消化能/（兆焦/千克）	12.47	12.34	12.13	12.13	12.26
	粗蛋白质（%）	16.01	16.48	15.95	15.66	15.87

附表 C-6　妊娠母猪日粮配方

项目		配方1	配方2	配方3	配方4	配方5
饲料原料（%）	玉米	54.6	52.0	49.5	54.0	53.1
	豆粕	11.4	8.1	8.6	4.4	8.7
	麸皮	30.0	30.0	30.0	30.0	30.0
	鱼粉				2.0	
	菜籽饼		6.0	5.0	6.0	4.2
	花生饼			3.0		
	石粉	1.3	1.3	1.4	1.3	1.4
	磷酸氢钙	1.4	1.3	1.2	1.0	1.3
	食盐	0.3	0.3	0.3	0.3	0.3
	预混料	1.0	1.0	1.0	1.0	1.0
营养水平	消化能/（兆焦/千克）	12.22	12.05	12.05	12.05	12.18
	粗蛋白质（%）	13.69	14.7	14.7	13.6	14.0

附表 C-7　哺乳母猪日粮配方

项目		配方1	配方2	配方3	配方4	配方5
饲料原料（%）	玉米	60.5	61.6	63.7	62.3	63.3
	豆粕	16.3	13.2	11.4	9.2	8.1
	麸皮	19.2	15.3	11.0	16.9	13.0
	鱼粉				2.0	2.0
	菜籽饼		6.0	6.0	6.0	6.0
	花生饼			4.0		4.0
	石粉	1.2	1.1	1.1	1.1	1.1
	磷酸氢钙	1.5	1.5	1.5	1.2	1.2
	食盐	0.3	0.3	0.3	0.3	0.3
	预混料	1.0	1.0	1.0	1.0	1.0
营养水平	消化能/（兆焦/千克）	12.76	12.85	12.87	12.76	12.89
	粗蛋白质（%）	14.7	15.05	15.3	14.6	15.2

附录 D 猪常见病的鉴别诊断

猪常见病的鉴别诊断见附表 D-1 ~ 附表 D-5。

附表 D-1 猪常见发热疾病的鉴别诊断

临床表现		猪瘟	非典型猪瘟	伪狂犬病	流感	乙型脑炎	沙门菌病	链球菌病	弓形虫病	猪丹毒	猪巴氏杆菌病	传染性胸膜肺炎	猪痢疾	肺炎	胃肠炎	产褥热	中暑	繁殖与呼吸综合征	附红细胞体病
热型	高热	√														√		√	√
	中热		√																
	低热				√													√	√
日龄	大	√	√		√											√			√
	中	√	√					√											√
	小	√		√			√												√
皮肤	出血点	√																	
	瘀块									√									
	瘀血		√			√		√									√		√
	无变化			√	√		√		√		√	√	√	√	√	√		√	
运动	喜卧	√															√		
	失调	√		√		√		√											
	废绝																		
食欲	减少	√	√															√	
	急性																		
	慢性		√																
病情	急性	√		√				√		√	√	√							
	慢性		√										√					√	√
发病率	高	√			√													√	
	低		√	√		√	√	√	√		√	√	√	√	√	√	√		√
病死率	高	√		√						√		√							
	低		√		√	√	√	√	√		√		√	√	√	√	√	√	√
呼吸	急促				√							√		√			√	√	
	正常	√	√	√		√	√	√	√	√	√		√		√	√			√
粪便	干	√	√																
	稀	√					√						√		√				
	正常			√	√	√		√	√	√	√	√		√		√	√	√	√
疗效	较好				√		√	√	√	√	√	√	√	√	√	√	√		√
	无效	√	√	√		√												√	

附表 D-2 猪常见腹泻性疾病的鉴别诊断

临床表现		仔猪红痢	仔猪黄痢	轮状病毒感染	仔猪白痢	传染性胃肠炎	流行性腹泻	球虫病	沙门菌病	猪瘟	猪丹毒	猪痢疾	伪狂犬病	链球菌病	胃肠炎	繁殖与呼吸综合征	衣原体病
日龄	大					√	√			√	√	√			√		
	中			√		√	√		√	√	√	√	√	√	√	√	√
	小	√	√	√	√	√	√	√	√				√	√		√	√
季节	冬季			√		√	√										√
	四季	√	√		√			√	√	√	√	√	√	√	√	√	√
体温	发热	√							√	√	√		√	√		√	√
	正常		√	√	√	√	√	√				√			√		
传播	散发	√			√			√			√			√	√		√
	流行		√	√		√	√		√	√		√	√			√	
病情	急性	√	√			√	√		√	√	√		√	√	√	√	
	慢性				√			√				√					√
粪便	黄色		√		√												
	白色				√												
	带血	√								√		√			√		
	黏液								√			√		√			
	水泻			√		√	√	√							√		
发病率	高	√	√	√	√	√	√	√	√	√		√	√			√	√
	低										√			√	√		
病死率	高	√	√			√	√			√	√		√			√	
	低			√	√			√	√			√		√	√		√
疗效	较好				√			√	√		√	√		√	√		
	无效	√	√	√		√	√			√			√			√	√
神经症状	有												√	√		√	
	无	√	√	√	√	√	√	√	√	√	√	√			√		√

附表 D-3 猪呼吸困难疾病的鉴别诊断

临床表现		猪瘟	沙门菌病	流感	猪巴氏杆菌病	气喘病	胸膜肺炎	萎缩性鼻炎	繁殖与呼吸综合征	肺炎	蛔虫病	中暑	中毒症	圆环病毒病	衣原体病
体温	高热	√	√	√	√		√		√	√		√	√	√	√
	正常					√		√			√				
呼吸	急促		√	√	√	√			√	√	√	√	√	√	√
	困难	√					√								
病情	急性	√	√	√	√		√			√		√	√	√	√
	慢性	√	√			√		√	√		√				
食欲	减少	√	√	√	√	√	√		√	√	√	√	√	√	√
	正常							√							
咳嗽	有	√	√	√	√	√	√	√	√	√	√		√	√	√
	无											√			
粪便	腹泻	√	√		√								√	√	
	正常			√		√	√	√	√	√	√	√			√
发病率	高	√	√	√	√	√	√	√	√	√	√	√	√	√	√
	低														
病死率	高	√	√		√		√		√	√		√	√	√	√
	低			√		√		√			√				
日龄	大											√	√		
	小	√	√	√	√	√	√	√	√	√	√			√	√
	不限											√	√		
疫苗	有	√	√	√	√	√	√		√	√				√	√
	无							√			√	√	√		
疗效	较好		√	√	√	√	√	√		√	√	√			√
	无效	√							√				√	√	

附表 D-4　猪常见神经症状病的鉴别诊断

临床表现		仔猪先天性震颤	仔猪低血糖症	伪狂犬病	猪水肿病	猪瘟	链球菌病	李氏杆菌病	弓形虫病	风湿症	中毒	生产瘫痪	硒缺乏症	衣原体病
体温	高热					√	√	√	√		√			√
	正常	√	√	√	√					√		√	√	
日龄	成年			√			√	√	√	√	√	√		√
仔猪		√	√	√	√	√	√						√	√
神经症状	共济失调	√			√	√	√	√						√
	转圈			√				√						
	沉郁		√											
	瘫痪						√			√	√	√	√	√
病情	急性		√	√	√	√	√		√		√			
	慢性	√						√		√		√	√	√
病因	感染			√	√	√	√	√	√					√
	代谢病		√									√	√	
	其他	√								√	√			
发病率	较高	√	√		√	√		√					√	
	低			√			√		√	√	√	√		√
病死率	高			√	√	√	√		√		√			
	较低	√	√					√		√		√	√	√
疗效	较好		√				√	√	√	√		√	√	√
	无效	√		√	√	√					√			
粪便	腹泻				√	√			√		√			√
	正常	√	√	√			√	√		√		√	√	

附表 D-5 猪常见繁殖障碍病的鉴别诊断

临床表现		乙型脑炎	细小病毒感染	伪狂犬病	繁殖与呼吸综合征	猪瘟	布鲁氏菌病	流行性感冒	弓形虫病	发热	高温环境	物理性创伤	舍内有害气体	中毒(敌百虫)	附红细胞病	衣原体病
胎次	首胎	√	√													√
	不定			√	√	√	√	√			√	√	√	√	√	√
病情	急性			√	√	√		√	√	√	√	√	√	√	√	√
	慢性	√	√	√	√		√			√				√	√	√
症状	全身	√	√	√	√	√	√	√		√	√		√	√	√	√
	局部	√		√			√					√				
季节	冬季							√					√			
	夏季	√							√		√			√	√	
	全年		√	√	√	√	√			√		√	√		√	√
流行	散发		√	√		√	√	√	√	√		√		√		√
	群发	√			√			√		√	√		√	√	√	
病原	细菌						√									
	病毒	√	√	√	√	√		√								
	寄生虫								√						√	
	其他										√	√	√	√		√
流产期	早期		√				√					√			√	√
	后期	√			√	√	√	√		√			√			√
	不定			√	√	√			√		√	√		√	√	
胎儿病变	流产		√				√									√
	死胎	√			√	√									√	√
	不定			√		√							√			

参考文献

［1］刘红林，吕艳丽.现代养猪大全［M］.北京：中国农业出版社，2001.

［2］董彝.实用猪病临床类症鉴别［M］.北京：中国农业出版社，2000.

［3］席克奇，孙宝莹，兴长健，等.猪疑难病鉴别诊断与防治［M］.北京：科学技术文献出版社，2008.

［4］陈玉库，陆桂平.猪病防治技术［M］.北京：中国农业出版社，2010.

［5］宣长和，马春全，汤广志，等.猪病类症鉴别诊断与防治彩色图谱［M］.北京：中国农业科学技术出版社，2011.

［6］李文刚.图说养猪新技术［M］.北京：中国农业科学技术出版社，2012.

［7］侯万文.图说高效养猪关键技术［M］.北京：金盾出版社，2009.

［8］周元军.图说高效养猪［M］.北京：机械工业出版社，2016.

［9］刘建柱，牛绪东.猪病鉴别诊断图谱与安全用药［M］.北京：机械工业出版社，2017.

［10］李和平，朱小甫.高效养猪：视频升级版［M］.北京：机械工业出版社，2018.

［11］曹日亮.高效养猪全彩图解＋视频示范［M］.北京：化学工业出版社，2022.

［12］席克奇，齐刚，付群莉，等.养猪疑难300问［M］.北京：中国农业出版社，2023.